Narayan Chapagain

Teor de ozono atmosférico total em Katmandu

Narayan Chapagain

Teor de ozono atmosférico total em Katmandu

ScienciaScripts

Imprint

Cover image: www.ingimage.com

This book is a translation from the original published under ISBN 978-3-659-79146-8.

Publisher:
Sciencia Scripts
is a trademark of
Dodo Books Indian Ocean Ltd. and OmniScriptum S.R.L publishing group

120 High Road, East Finchley, London, N2 9ED, United Kingdom
Str. Armeneasca 28/1, office 1, Chisinau MD-2012, Republic of Moldova, Europe
Printed at: see last page
ISBN: 978-620-8-28190-8

Prefácio

Nas últimas quatro décadas, tem havido alguma preocupação de que as reduções na quantidade de ozono na estratosfera possam causar um aumento das radiações ultravioletas (UV) biologicamente activas à superfície da Terra. A análise das medições por satélite do ozono atmosférico total a longo prazo revelou maiores reduções do ozono. As tendências da radiação UV podem, no entanto, ser estimadas combinando as medições do ozono atmosférico com um cálculo pormenorizado da propagação das radiações solares através da atmosfera. Essas estimativas, baseadas nas reduções de ozono recentemente comunicadas, indicam que, em média, a radiação UV biologicamente ativa deveria ter aumentado substancialmente nas latitudes altas e médias de ambos os hemisférios, mantendo-se essencialmente inalterada nas regiões tropicais. Com o desenvolvimento de medições terrestres e por satélite do teor total de ozono, um novo domínio de medições do ozono atmosférico tornou-se passível de medições globais do ozono. O estudo do ozono atmosférico é, por definição, uma disciplina internacional e diz respeito a toda a humanidade.

O principal objetivo deste livro é fornecer as variações a longo prazo do conteúdo de ozono total sobre Katmandu obtido a partir de medições terrestres de ozono total usando o Espectrofotómetro Brewer e dados de satélite derivados do Espectrómetro de Mapeamento do Ozono Total (TOMS) e do Instrumento de Monitorização do Ozono (OMI). Neste livro, depois de algum material introdutório no Capítulo I, o estudo é iniciado com o método de medição do ozono atmosférico. No Capítulo II, são discutidas as técnicas de medição do ozono atmosférico, incluindo as medições terrestres e por satélite. No Capítulo III apresentam-se os resultados das medições simultâneas do ozono total sobre Katmandu, utilizando medições terrestres e por satélite. Este estudo é alargado às medições por satélite utilizando dados de ozono do TOMS e do OMI e é apresentado nos capítulos IV e V, respetivamente.

Shekhar Gurung, do Departamento Central de Física da Universidade de Tribhuvan, Kathmandu, Nepal, por fornecer os dados das medições terrestres do conteúdo total de ozono para este estudo. Os dados de satélite foram obtidos no sítio Web da NASA. Shyam Lal, Planetary Atmospheres and Aeronomy Division, Physical Research Laboratory, Ahmedabad Índia, que me incentivou a realizar o projeto de investigação para as medições de ozono sobre Katmandu quando eu estava em Ahmedabad para o meu Mestrado em Tecnologia (M.Tech) em ciências atmosféricas e espaciais. Estou grato às faculdades de Patan M. Campus, Universidade de Tribhuvan e BemHadt College, Balkhu, pelas suas inestimáveis sugestões. Agradeço aos meus alunos do Campus M. de Patam: Kuchandra Parajuli e Navaraj Mainali pela sua ajuda na extração de dados sobre ozono. Um agradecimento especial à Lambert Academic Publishing, Saarbriicken, Alemanha, pela sua ajuda e cooperação na publicação deste livro na sua forma atual. Finalmente, estou muito grato à minha mulher, Laxmi, cujo constante encorajamento me ajudou a completar este livro e aos meus filhos, Satkrit e Shaswat, pela sua paciência e compreensão durante a preparação do manuscrito.

ÍNDICE DE CONTEÚDOS:

CAPÍTULO 1

Materiais introdutórios e de apoio

1.1 Introdução

O ozono é uma molécula triatómica composta por três oxigénios atómicos que tem a fórmula molecular O3. Está maioritariamente ligado ao centro da atmosfera e desempenha um papel importante na química da atmosfera terrestre, embora seja uma espécie menor em termos de abundância. A sua concentração varia com a altura, desde algumas partes por bilião em volume (pbv) até alguns décimos de parte por milhão (pmv). Se o ozono de uma coluna atmosférica for comprimido a NTP, ocuparia uma coluna de cerca de 3 mm de espessura, enquanto o ar total ocuparia uma coluna de 8 km de espessura. A maior parte do ozono atmosférico da Terra, cerca de 90%, encontra-se na estratosfera, uma região da atmosfera entre 15 e 50 km de altitude, e cerca de 10% do ozono total encontra-se na troposfera, uma região desde a superfície até cerca de 15 km de altura. O pico de concentração de ozono ocorre na região de 20 a 30 km, a chamada camada de ozono estratosférica. É também designada por ozonosfera. A ozonosfera absorve todas as radiações solares ultravioletas (UV) nocivas (cerca de 240 nm a 300 nm) provenientes do Sol e proporciona um ambiente favorável à sobrevivência das plantas e dos animais na Terra. Assim, actua como um guarda-chuva protetor para os organismos vivos da Terra. Se não existisse ozonosfera na atmosfera, todas as radiações UV nocivas e as partículas altamente energéticas provenientes do espaço entrariam na troposfera e causariam danos aos organismos vivos.

As radiações UV na gama de comprimentos de onda de 280 a 315 nm, denominadas UVB *(Brasseur et al.,* 1999), são biologicamente activas. Estima-se que uma diminuição de 1% no ozono estratosférico leva a um aumento de 2% na radiação UVB. Por conseguinte, uma redução do ozono estratosférico conduz a um aumento dos níveis de UVB à superfície da Terra. A emissão do sol não se altera, mas menos ozono significa menos proteção e, por conseguinte, mais UVB atinge a superfície da Terra. Estudos demonstraram que, na Antárctida, as quantidades de UVB medidas à superfície podem duplicar durante o buraco anual do ozono *(Brasseur et al.,* 1999). Estudos laboratoriais e epidemiológicos demonstram que a UVB provoca o cancro da pele não melanoma e desempenha um papel importante no desenvolvimento do melanoma maligno. Além disso, a radiação UVB também tem sido associada às cataratas. A luz solar contém alguma UVB mesmo com níveis normais de ozono. A destruição da camada de ozono aumenta a quantidade de UVB, o que aumenta o risco de efeitos na saúde. Esta radiação UV tem o potencial de danificar o ADN das células vivas, inibir o crescimento das plantas e danificar a pele dos animais e dos seres humanos. O aumento da radiação UVB afecta diretamente os ecossistemas marinhos.

Poderá também afetar os ciclos biogeoquímicos terrestres e aquáticos, o que pode alterar tanto as fontes como os sumidouros de gases com efeito de estufa e de gases vestigiais quimicamente importantes, como o CO_2 , o CO, o COS, incluindo o O_3 . O aumento da radiação UVB também prejudica os plásticos e outros materiais.

Por outro lado, o ozono na troposfera é um importante gás com efeito de estufa. Absorve as radiações infravermelhas que saem da Terra, contribuindo assim para o aquecimento global. O ozono na troposfera está a aumentar devido aos poluentes produzidos pelo homem. O aumento do ozono troposférico não só é preocupante do ponto de vista do aquecimento global, como também é prejudicial para a saúde humana e para a vegetação. Observa-se que o ozono na estratosfera está a diminuir, particularmente nas regiões polares (Antárctida e Ártico) devido à libertação química de espécies atmosféricas vestigiais por actividades antropogénicas. Este duplo papel paradoxal do ozono na atmosfera levou, por vezes, à duplicação do ozono estratosférico como "bom" ozono e do ozono troposférico como "mau" ozono. Assim, o estudo do ozono é importante não só na estratosfera mas também na troposfera.

O empobrecimento do ozono estratosférico na atmosfera tem causado uma preocupação generalizada com os riscos para a saúde na superfície da Terra. Foram efectuados muitos estudos para comparar o ozono total da coluna terrestre com o ozono observado por satélite *(Kerr et al.,* 1984; *London,* 1979). Os dispositivos terrestres de medição do ozono, como o espetrofotómetro Brewer e o espetrómetro Dobson, podem ser utilizados para determinar as caraterísticas climatetológicas da distribuição do ozono *(Kerr et al.,* 1984). O Espectrofotómetro de Brewer está a ser gradualmente introduzido na rede mundial de ozono devido à sua técnica de funcionamento automático. A variabilidade do ozono total em Thumba (8°N, 76°E), Índia, foi medida com o Espectrofotómetro Brewer *(Subbaray a e Lal,* 1999). Hon Zou estudou as tendências de variação sazonal do ozono TOMS sobre o Tibete (25.5°N - 40.5°N, 75.6 °E - 105.6°E) China em 1979 - 1991 *(Zou,* 1996). As variações do ozono total da coluna destes locais são comparadas com a variação do ozono total sobre Kathmandu (27.67°N, 83.29°E), localizada a 1336 m acima do nível médio do mar.

Como parte do trabalho do projeto piloto para o Diploma de Pós-Graduação em Ciências Espaciais e Física Atmosférica no Laboratório de Pesquisa Física (PRL), Ahmedabad, Índia, fizemos o estudo comparativo das variações da coluna total de ozono sobre Kathmandu, Nepal, usando dados do satélite TOMS (Total Ozone Mapping Spectrometer) com Ahmedabad, Índia, usando dados do Espectrómetro Dobsone *(Chapagain,* 2001). Para estudar as tendências de variação dos níveis de ozono em Katmandu, o Espectrofotómetro Brewer MK II # 176 está a funcionar desde fevereiro de 2001 no Departamento Central de Física da Universidade de Tribhuvan, Katmandu, Nepal. Utilizando esta medição, foram realizados estudos da nuvem de ozono total sobre Katmandu com a comparação de observações baseadas em satélites

(*Himal,* 2011; e *Chapagain* 2016a, 2016b).

Neste livro, são apresentadas as variações a longo prazo do ozono total sobre Katmandu a partir de observações terrestres e por satélite. As variações diurnas, dia a dia e sazonais do conteúdo total de ozono (ou simplesmente chamado de ozono total ou coluna de ozono total), foram estudadas. A fiabilidade dos dados Brewer é verificada pelos dados TOMS. O Capítulo I cobre a introdução e os antecedentes do ozono atmosférico. O ozono troposférico e estratosférico, a química do ozono, a sua distribuição, a destruição do ozono estratosférico, os impactos da destruição do ozono e a indicação ambiental da destruição do ozono foram discutidos. No capítulo II, são apresentadas as técnicas de medição do teor total de ozono. As técnicas de medição terrestres, tais como o espetrofotómetro Dobson e o espetrofotómetro Brewer, foram explicadas resumidamente. A teoria relevante utilizada na tecnologia de medição no espetrofotómetro de Breser também foi descrita. Além disso, as técnicas de medição por satélite do Espectrómetro de Mapeamento do Ozono Total (TOMS) e do Instrumento de Monitorização do Ozono (OMI) também são explicadas no Capítulo II. No Capítulo III, apresentam-se as medições do teor de ozono atmosférico total sobre Katmandu utilizando o Espectrofotómetro Brewer de fevereiro de 2001 a fevereiro de 2002. Neste capítulo, foram discutidas as variações diurnas, diárias e sazonais do ozono total sobre Katmandu. Os resultados obtidos com o espetrofotómetro Brewer são comparados com as observações do satélite TOMS para verificar a realiabilidade das medições do ozono total. Além disso, as variações a longo prazo do teor de ozono total utilizando dados do satélite TOMS para o período de 10 anos de 1979 a 1988 foram apresentadas no Capítulo IV. Finalmente, as variações a longo prazo do teor de ozono total sobre Katmandu utilizando observações do satélite OMI de 2004 a 2016 foram explicadas no Capítulo V.

1. 2Camada de ozono

A atmosfera da Terra está dividida em várias camadas. A região mais baixa, a troposfera, estende-se desde a superfície da Terra até cerca de 15 km de altitude. Praticamente todas as actividades humanas ocorrem na troposfera. A camada seguinte, a estratosfera, estende-se de 15 km a cerca de 50 km (como mostra a Figura 1.1). A maior parte do tráfego aéreo comercial ocorre na parte inferior da estratosfera. A maior parte do ozono atmosférico está concentrada numa camada da estratosfera. O ozono é muito menos comum do que o oxigénio normal. De cada 10 milhões de moléculas de ar, cerca de 2 milhões são de oxigénio normal, mas apenas 3 são de ozono. No entanto, mesmo a pequena quantidade de ozono desempenha um papel fundamental na atmosfera. A camada de ozono na estratosfera protege a vida na Terra da exposição a níveis perigosos de luz ultravioleta. Fá-lo filtrando a radiação ultravioleta nociva do sol.

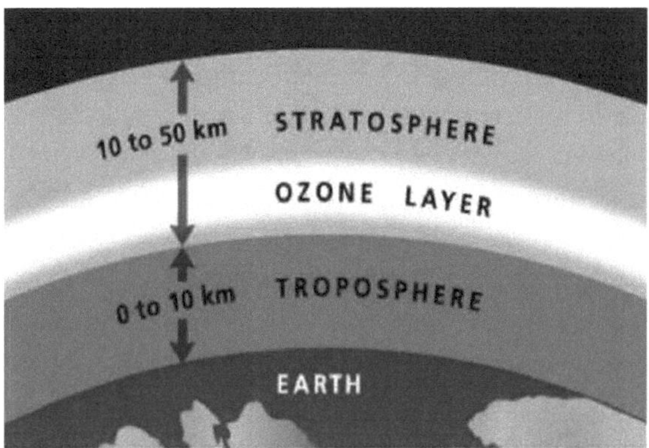

Figura 1.1: Camada de ozono. (Fonte: sítio Web da NASA)

Em qualquer momento, as moléculas de ozono são constantemente formadas e destruídas na estratosfera. No entanto, a quantidade total de ozono permanece relativamente estável.

A concentração da camada de ozono pode ser considerada como a profundidade de um curso de água num determinado local. Embora a água esteja constantemente a entrar e a sair, a profundidade mantém-se constante. Embora as concentrações de ozono variem naturalmente com as manchas solares, as estações do ano e a latitude, estes processos são bem compreendidos e previsíveis. Os cientistas estabeleceram registos ao longo de várias décadas que detalham os níveis normais de ozono durante estes ciclos naturais.

Cada redução natural dos níveis de ozono foi seguida de uma recuperação. No entanto, recentemente, provas científicas convincentes demonstraram que o escudo de ozono se está a esgotar muito para além das alterações devidas aos processos naturais. Quando os CFC e outros produtos químicos que degradam o ozono são emitidos, misturam-se com a atmosfera e acabam por subir para a estratosfera. Por conseguinte, o cloro e o bromo que contêm catalisam a destruição do ozono. Esta destruição está a ocorrer a um ritmo mais rápido do que o ozono pode ser criado através de processos naturais.

A monitorização mundial mostrou que o ozono estratosférico tem vindo a diminuir nas últimas duas décadas ou mais. A perda média em todo o mundo totalizou cerca de 5 por cento desde meados da década de 1960, com perdas acumuladas de cerca de 10 por cento no inverno e na primavera e uma perda de 5 por cento no verão e no outono na América do Norte, Europa e Austrália *(London,* 1979).

1.3 Ozono troposférico

O ozono na troposfera é um gás vestigial, e ocorre apenas cerca de 10% do ozono total da coluna. Embora o ozono troposférico seja apenas um gás vestigial, desempenha um papel de controlo na capacidade de oxidação da atmosfera. O ozono e o seu derivado fotoquímico OH, são os principais oxidantes dos gases reduzidos. Sem o ozono, os gases reduzidos, como o CO, os hidrocarbonetos e a maioria dos compostos de enxofre e de azoto reativo, acumular-se-iam a níveis substancialmente superiores aos da atmosfera atual.

O ozono troposférico é um importante gás de estufa, que absorve a radiação infravermelha emitida pela Terra e provoca o aquecimento global. Do ponto de vista ambiental, os elevados níveis de ozono à superfície são um importante poluente devido aos seus efeitos nocivos na saúde humana e nas plantas. A rápida acumulação de ozono troposférico também afecta o clima à superfície, alterando diretamente o perfil térmico troposférico existente.

Níveis elevados e potencialmente nocivos de ozono têm sido observados extensivamente em países industrializados e em desenvolvimento. Desde 1950, a concentração de ozono na troposfera tem vindo a aumentar devido ao consumo crescente de combustíveis fósseis, resultando na emissão de substâncias formadoras como o NO_X e o CH_4 *(Crutzen et al.,* 1978; *Bank,* 1973; *Logan,* 1985).

Anteriormente acreditava-se *(Junge,* 1962) que o ozono troposférico era devido ao transporte descendente, à injeção de ar rico em ozono da estratosfera para a troposfera através da tropopausa e também ao transporte difusivo. Uma vez na troposfera, pensava-se que o ozono descia lentamente até à superfície, onde é destruído pelo contacto com materiais e por reacções químicas redutoras. No entanto, nos últimos anos tornou-se claro que a química in situ é igualmente importante tanto na produção como na destruição do ozono na troposfera e nas altitudes próximas da superfície. Além disso, esta química in situ envolve radiação solar, gases poluentes -CO, CH_4 e vários outros hidrocarbonetos não-metânicos e compostos orgânicos voláteis que são libertados da biosfera devido a causas antropogénicas e naturais. Estes gases libertados na biosfera são transportados através da camada limite para a troposfera livre e, na presença de radiação solar e de óxidos de azoto, dão origem ao ozono. *Biswas* (1979) propôs que a oxidação do CH_4 e do CO na presença de NO_X conduziria a uma quantidade significativa de produção de ozono. Isto é mostrado esquematicamente na Figura 1.2. Nas últimas duas décadas, foram feitos avanços substanciais na compreensão do orçamento do ozono troposférico. Os termos individuais de produção e destruição no orçamento troposférico do ozono são dominados por reacções troposféricas in situ e não pelo fluxo descendente de ozono da estratosfera.

Assim, para as áreas poluídas, onde os vestígios de NO_X e CH_4 estão presentes, a quantidade de ozono é determinada pela fotoquímica e não pela transposição da estratosfera. Assim, a rápida acumulação de ozono troposférico está a emergir como uma grande preocupação a nível global. Globalmente, nos últimos 20-30 anos, o ozono troposférico está a aumentar a uma taxa de ~1%-2% por ano *(Houghton et. al,* 1996). Mas a distribuição não é uniforme.

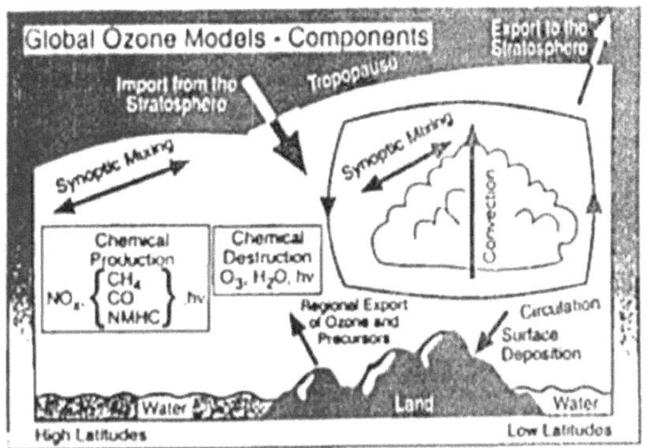

Figura 1.2: Principais processos que afectam o ozono troposférico à escala global *(Brasseur et al.,* 1999).

1.4 Química do ozono

A radiação solar, em particular a região UV, é uma força motriz na fotoquímica do ozono a todas as alturas. A camada de ozono é o resultado de um equilíbrio entre os processos que a produzem e a destroem. O mecanismo de formação e destruição do ozono troposférico e estratosférico é discutido resumidamente.

1.4.1 Produção de ozono troposférico

A produção química de ozono na troposfera ocorre através de uma série de reacções denominadas reacções de "smog fotoquímico". A fotoquímica da troposfera não poluída desenvolve-se em torno de uma sequência de reacções em cadeia envolvendo NO, CH4, CO e O3. As reacções são iniciadas por radicais hidroxilo (OH) formados pela interação do O* , o produto da fotólise do O_3 na parte curta do espetro solar, com a água. Na presença de NO_X , o ozono é produzido ou destruído, dependendo da concentração de NO_x (FFqywe, 200).

CH_4 Ciclo: A fotodissociação do ozono troposférico em oxigénio molecular e oxigénio atómico excitado dá

$$O_3 + h\nu\ (\lambda < 310nm) \longrightarrow O^* + O_2$$

O combina-se então com a água para dar origem ao radical hidroxilo (OH)

$$O^* + H_2O \longrightarrow 2OH$$

A oxidação do metano pelo radical hidroxilo dá origem a CO e O3 no esquema de reação.

$$CH_4 + OH \longrightarrow CH_3 + H_2O$$

$$CH_3 + O_2 + M \longrightarrow CH_3O_2 + M$$

$$CH_3\ O_2 + NO \longrightarrow CH_3O + NO_2$$

$$NO_2 + h\nu\ (\lambda < 420nm) \longrightarrow NO + O$$

$$CH_3O + O_2 \longrightarrow HO_2 + CH_2O$$

$$CH_2O + h\nu\ (\lambda < 340nm) \longrightarrow H_2 + CO$$

$$NO + HO_2 \longrightarrow NO_2 + OH$$

$$NO_2 + h\nu\ (\lambda < 420nm) \longrightarrow NO + O$$

$$O + O_2 + M \longrightarrow O_3 + M]\ x\ 2$$

$$Net : CH_4 + 4O_2 + h\nu \longrightarrow CO + H_2O + H_2 + 2O_3 \qquad (1)$$

em que M é a terceira molécula, necessária para transportar a energia química libertada pela reação.

Ciclo CO:

A produção de O3 na baixa atmosfera pode ser drasticamente aumentada em zonas industriais e urbanas muito poluídas, onde o CO está disponível. A reação em cadeia é iniciada pelo radical OH e forma o O3. Os esquemas de reação são os seguintes

$$CO + OH \longrightarrow CO_2 + H$$

$$H + O_2 + M \longrightarrow HO_2 + M$$

$$HO_2 + NO \longrightarrow NO_2 + OH$$

$$NO_2 + h\nu(\lambda < 420nm) \longrightarrow O(^3P) + NO$$

$$O(^3P) + O_2 + M \longrightarrow O_3 + M$$

$$Net : CO + 2O_2 + h\nu \longrightarrow CO_2 + O_3 \qquad (2)$$

Para uma concentração típica de ozono de 30 ppbv (partes por bilião por volume), a concentração crítica de NO_X é de cerca de 10 pptv (partes por trilião por volume). Abaixo desta concentração, a destruição do ozono ocorre através das reacções acima referidas e a produção de ozono ocorre quando a concentração é superior ao valor crítico.

Outros hidrocarbonetos e compostos orgânicos voláteis passam por um esquema semelhante (mas um pouco mais complexo) para dar origem ao ozono.

Em vez de HO2, o radical peroxi RO2 pode sofrer um esquema de reação com NO para dar origem a NO_2 e, eventualmente, produzir ozono.

$$RO_2 + NO \longrightarrow NO_2 + OR$$

$$NO_2 + h\nu(\lambda < 420nm) \longrightarrow NO + O \qquad (3)$$

$$O + O_2 + M \longrightarrow O_3 + M$$

Um certo número de hidrocarbonetos presentes na atmosfera, tanto devido a causas naturais como artificiais, pode dar origem aos radicais peróxidos RO_2 na degradação química.

1.4.2. Perda de ozono troposférico

O ozono na troposfera é geralmente perdido quando entra em contacto com o solo devido à sua elevada atividade química. A maior parte dos outros mecanismos de perda são abrangidos por reacções catalíticas e fotolíticas, como se refere a seguir. A destruição fotolítica do ozono produz dois tipos de átomos de oxigénio *(Biswas,* 1979):

$$O_3 + h\nu(\lambda < 1180\ nm) \longrightarrow O_2 + O \qquad (1)$$

$$O_2 + O + M \longrightarrow O_3 + M \qquad (2)$$

Algumas moléculas de ozono, no entanto, fotodissociam-se para dar origem a oxigénio atómico excitado eletronicamente.

$$O_3 + h\nu(\lambda < 310\ nm) \longrightarrow O_2 + O^* \qquad (3)$$

A maior parte dos quais chega ao estado fundamental através de colisões como:

$$O^* + M \longrightarrow O^{**} + M \qquad (4)$$

em que O^* é o átomo de oxigénio no estado excitado e O^{**} é o átomo de oxigénio no estado fundamental. Assim, a fotólise do ozono não resulta na perda dessa espécie até que o O^* reaja com alguns compostos como o vapor de água, H_2 e CH_4 para produzir radicais hidroxilo através de reacções.

$$O^* + H_2O \longrightarrow 2OH \qquad (5)$$

$$O^* + H_2 + M \longrightarrow H + OH + M \qquad (6)$$

$$O^* + CH_4 + M \longrightarrow CH_3 + OH + M \qquad (7)$$

Uma vez que a abundância de vapor de água nos 2 km mais baixos da troposfera é elevada, a reação (5) serve como o maior sumidouro de oxigénio O^*. Assim, a perda líquida de ozono (cerca de 10% do total) nos 2 km ocorre através das seguintes reacções.

$$O_3 + OH + M \longrightarrow O_2 + HO_2 + M$$

$$O_3 + HO_2 \longrightarrow 2O_2 + OH$$

$$\text{Net: } 2O_3 \longrightarrow 3O_2 \qquad (8)$$

Crutzen (1978) sugeriu outros esquemas prováveis para a destruição do ozono, nomeadamente

$$NO + O_3 \longrightarrow NO_2 + O_2$$

$$NO_2 + O_3 \longrightarrow NO_3 + O_2$$

$$NO_3 + h\nu \longrightarrow NO + O_2$$

Net: $2O_3 + hv \longrightarrow 3O_2$ (9)

Da mesma forma, a reação em cadeia é seguida por

$NO + NO_3 \longrightarrow 2NO_2$

Or by $NO_3 + NO_2 \longrightarrow N_2O_5$

$N_2O_5 + H_2O \longrightarrow 2HNO_3$

$HNO_3 + hv \longrightarrow HO + NO_2$ (10)

Assim, as reacções envolvidas na formação e destruição do NO são

$NO_2 + hv(\lambda<430\ nm) \longrightarrow NO+ O$ (11)

$O + O_2 + M \longrightarrow O_3 + M$ (12)

$NO + O_3 \longrightarrow NO_2 + O_2$ (13)

Em geral, as reacções (11) - (13) determinam a concentração de O3 presente na atmosfera durante a luz solar em qualquer instante. Para uma primeira aproximação, a relação de estado estacionário é dada por *(Brasseur e Solomon,* 1986)

$[NO_2]K_1 - [NO][O_3]K_2 = 0$

$$O_3 = \frac{K_1[NO_2]}{K_2[NO]} \qquad (14)$$

em que Ki e K_2 são taxas de reação. A equação mostra que a variação diurna é forte se a quantidade total de NO for grande.

Os processos fotoquímicos podem produzir e destruir o ozono troposférico a taxas equivalentes às estimadas para as perdas por injeção e deposição à superfície da Terra.

1.4.3 . Produção de ozono estratosférico

O ozono é um produto da reação fotoquímica na atmosfera. Chapman apresentou esta abordagem em 1930 e os seus esquemas de reacções são os seguintes:

$O_2 + hv\ (\lambda < 242\ nm) \longrightarrow O + O$ (J_2) (1)

$O + O_2 + M \longrightarrow O_3 + M$ (K_2) (2)

$O + O + O + M \longrightarrow O_3 + M$ (3)

Aqui, J_2 é a taxa de foto-dissociação (s'^1),

K_2 é a velocidade de reação (mV)

M é a terceira molécula, que é necessária para transportar a energia química libertada pela reação. A energia limite para a dissociação da molécula de oxigénio é de 5,1 eV.

A reação (2) é importante para a produção de ozono em altitudes mais baixas, enquanto a reação (3) é para altitudes mais elevadas (acima de 60 km). Mais de 95% do ozono atmosférico é devido às reacções (2) e (3). Uma parte do ozono é produzida na atmosfera a nível da troposfera na sequência de uma série de reacções fotoquímicas que envolvem vários gases poluentes, por exemplo, CO, CH_4 , NO, NO_2 , e vários compostos orgânicos.

1.4.4 Perda de ozono estratosférico

A quantidade total de ozono na estratosfera é fortemente influenciada por actividades naturais e antropogénicas. A redução do ozono estratosférico também se deve à insursão e difusão vertical para a troposfera através da dobragem da tropopausa e das correntes de jato supersónicas. A principal perda de ozono estratosférico é devida à fotodissociação do ozono pela radiação UV. Existem várias reacções que removem o ozono produzido pelas reacções (2 e 3), tal como referido anteriormente. As reacções no esquema de Chapman são

$$O_3 + h\nu\ (\lambda < 1180nm) \longrightarrow O_2 + O \qquad (J_3) \quad (4)$$

$$O_3 + O \longrightarrow 2\,O_2 \qquad (K_3) \quad (5)$$

em que J3 é a taxa de fotodissociação do ozono e K_3 é a taxa de reação.

A energia limite para a dissociação do ozono é de 1,05eV. A fotodissociação do ozono é importante a todas as altitudes. A reação (5) é importante a grandes altitudes.

A fotodissociação é responsável pela maior parte da destruição durante o dia. Em princípio, a radiação solar no UV, no visível e boa parte da radiação infravermelha próxima pode provocar a fotodissociação do ozono. Esta ocorre a todos os níveis da atmosfera. No entanto, as secções transversais de absorção do ozono podem variar muito, em várias ordens de grandeza. A contribuição mais importante (80%) provém das bandas Hartley na região UV 200-300 nm, com um máximo em torno de 250 nm e uma secção transversal de absorção (σ) de IO'^{17} cm^2 . Ocorre a uma altitude de 20 a 60 km.

A outra região de comprimento de onda é a banda de Huggins na região do UV próximo, 310 - 360 nm com uma secção transversal de absorção de IO'^{20} - $10'^{23}$ cm^2 . As secções transversais de absorção do ozono nas bandas Hartley e Huggins são mostradas na Figura 1.3 *(Banks et al.,* 1973). Seguem-se as bandas de Chappuis na região do visível, com absorção máxima a 600 nm e secção transversal de absorção de 5 xlO'^{21} cm .^{2}

1.4.5 Taxas de fotodissociação

A taxa de fotodissociação a uma dada altitude, J, é definida como a taxa a que a molécula-mãe se dissocia a essa altitude específica.

A taxa de perda de O3 da equação (4) é parametrizada da seguinte forma:

$$\frac{d[O_3]}{dt} = -\,J[O_3] \qquad (6)$$

em que $[O_3]$ é a concentração de ozono (moléculas cm'³).

O inverso de J representa o tempo de vida do ozono molecular contra a fotólise, ou seja

$$\text{Life Time} = \frac{1}{J(s^{-1})}$$

Na atmosfera, J será determinado a partir do número de fotões disponíveis (fluxo solar), da secção transversal de absorção, o, e da eficiência quântica, E. A eficiência quântica é a probabilidade de a molécula ser destruída fotoquimicamente após a absorção do fotão. Quando se considera toda a porção do espetro solar em que a molécula (x) se pode dissociar, a taxa de fotodissociação é dada por *{Brasseur e Solomon,* 1986):

$$J(x,z,\chi) = \int_\lambda \varepsilon(x,\lambda)\, \sigma(x,\lambda)\, q(\lambda\, z,\chi)\, d\lambda \qquad (7)$$

As secções transversais de absorção e a eficiência quântica são propriedades fundamentais da molécula em estudo e são determinadas em experiências laboratoriais. Na maioria dos casos, a eficiência quântica é quase unitária, ou pode ser inferior. O fluxo e, por conseguinte, a taxa do processo fotoquímico também variam em função da altitude e do ângulo zenital solar.

A taxa de fotodissociação da molécula de oxigénio, dada pela equação (1), à altura da estratosfera é de lO'^s'¹ . Para o fluxo de radiação solar disponível no topo da atmosfera é

$$J_{\cdot}(O_2) = 5 \times 10^{-6} s^{-1}.$$

A taxa de fotodissociação do ozono é diferente para diferentes bandas de comprimento de onda, ou seja

$$J_{O3}\,(\text{Chappuis}) = 4.4 \times 10^{-4}\ s^{-1}$$

$$J_{O3}\,(\text{Huggins}) = 1 \times 10^{-4}\ s^{-1}$$

$$J_{O3}\,(\text{Hartley}) = 9.5 \times 10^{-3}\ s^{-1}$$

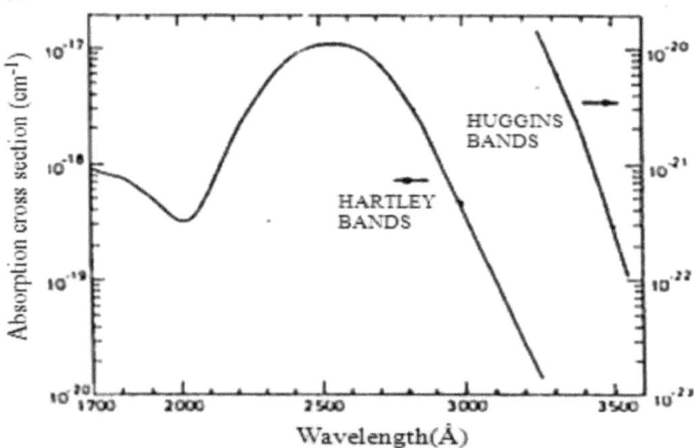

Figura 1.3: Secções transversais de absorção do ozono nas bandas Hartley e Huggins *(Banks et al.,* 1973).

A taxa total de fptólise do ozono a uma profundidade ótica nula, isto é, no topo da atmosfera, é dada por

$$J_{\infty}(O_3) = 10^{-2}\ s^{-1}$$

As contribuições de cada região espetral para a taxa de fotodissociação total do ozono em função da altitude são mostradas na Figura 1.4. A figura também mostra as contribuições relativas das bandas Hartley, Huggins e Chappuis. A taxa total de foto-dissociação para condições típicas de mínimo solar ao meio-dia é da ordem de lO'V[1] . Deve notar-se que o valor da taxa de foto-dissociação depende criticamente da absorção pelo próprio ozono, introduzindo um acoplamento não linear em função da altitude.

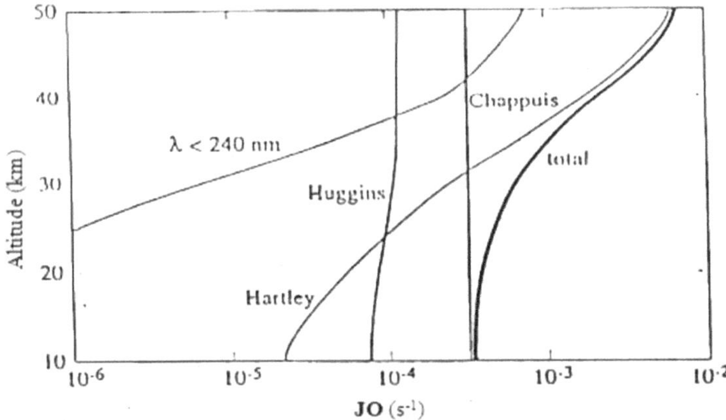

Figura 1.4: A contribuição de cada região espetral para a taxa total de fotodissociação em função da altitude *(Brasseur e Solomon,* 1986).

1.6 Destruição catalítica do ozono

Discutimos acima o processo de produção e perda de ozono como dado por Chapman. Existe um grande desequilíbrio entre a produção e a perda de ozono na estranha química do oxigénio de Chapman. A reação é demasiado lenta para destruir o ozono ao ritmo a que é produzido globalmente. Apenas 20% do ozono produzido é perdido pela recombinação com o oxigénio e são necessários mecanismos de perda adicionais para restaurar o equilíbrio *[Mathews,* 1991]. Estes são de natureza catalítica, que podem ser representados como

$$O_3 + X \longrightarrow OX + O_2 \quad (8)$$

$$OX + O \longrightarrow X + O_2 \quad (9)$$

Net: $O_3 + O \longrightarrow 2O_2$

em que X é um radical que passa por um ciclo de reação catalítica, destrói o ozono e é recuperado no final do ciclo. Foram sugeridas várias espécies para o "X" catalítico na

atmosfera. As mais importantes são X= H, OH, NO, Cl e Br. Os gases de origem, CFCs, N_2 O, etc., que dão origem à destruição do ozono
são produzidos devido a actividades antropogénicas. Estes radicais têm um longo tempo de residência na atmosfera - de vários anos a centenas de anos. Por conseguinte, há uma lenta acumulação destes radicais destruidores do ozono na atmosfera, o que leva a uma diminuição lenta e constante do ozono.

Acima de 40 Km, os ciclos catalíticos que envolvem radicais livres de hidrogénio representam um processo muito rápido de perda de oxigénio estranho.

Ciclo I

$$H + O_3 \longrightarrow OH + O_2$$

$$OH + O \longrightarrow H + O_2$$

$$\text{Net: } O + O_3 \longrightarrow 2\,O_2$$

Ciclo II

$$OH + O_3 \longrightarrow HO_2 + O_2$$

$$HO_2 + O \longrightarrow OH + O_2$$

$$\text{Net: } O + O_3 \longrightarrow 2\,O_2$$

Ciclo III

$$OH + O_3 \longrightarrow HO_2 + O_2$$

$$HO_2 + O_3 \longrightarrow OH + 2O_2$$

$$\text{Net: } 2O_3 \longrightarrow 3O_2$$

A última reação domina a destruição do oxigénio estranho perto da tropopausa (abaixo dos 30 km) porque é o ciclo catalítico mais eficaz envolvendo apenas o ozono como espécie reactiva de oxigénio estranho.

O ciclo do composto de azoto é mais eficiente a cerca de 35 -45 km.

Ciclo IV

$$NO + O_3 \longrightarrow NO_2 + O_2$$

$$NO_2 + O \longrightarrow NO + O_2$$

$$\text{Net: } O + O_3 \longrightarrow 2O_2$$

Outro ciclo secundário é dado como

$$NO + O_3 \longrightarrow NO_2 + O_2$$

$$NO_2 + O_3 \longrightarrow NO_3 + O_2$$

$$NO_3 + h\nu \longrightarrow NO + O_2$$

$$\text{Net: } 2O_3 \longrightarrow 3O_2$$

Este ciclo só ocorre na destruição do ozono quando a fotólise do NO_3 dá origem a $NO + O_2$ em vez de NO2 + O.

A destruição catalítica do oxigénio estranho por espécies de cloro é bastante eficaz na estratosfera superior.

Ciclo V

$$Cl + O_3 \longrightarrow ClO + O_2$$

$$ClO + O \longrightarrow Cl + O_2$$

$$\text{Net: } O + O_3 \longrightarrow 2O_2$$

A destruição do ozono pelo bromo é semelhante à do cloro. Abaixo de 30 km, a densidade de Cl e CIO é muito reduzida devido à formação de outros compostos como HOC1 e $C1ONO_2$. Assim, o efeito da destruição direta catalisada pelo cloro reduz o oxigénio estranho.

Fontes de espécies catalíticas

As famílias catalíticas HOx, NO_X e BrOx parecem estar presentes na atmosfera natural. No entanto, a maior parte do ClOx e do BrOx foi suplementada por fontes antropogénicas.

OH Radicais

O OH na atmosfera é produzido em altitudes mais elevadas pela fotodissociação do vapor de água.

$$H_2O + h\nu\ (\lambda<240\text{ nm}) \longrightarrow OH + O \qquad (10)$$

Mas em altitudes estratosféricas, é principalmente devido à reação com o O'D, que é devido à fotodissociação do ozono.

$$O_3 + h\nu\ (\lambda<320\text{ nm}) \longrightarrow O_2 + O^1D \qquad (11)$$

$$O^1D + H_2O \longrightarrow OH + OH \qquad (12)$$

Os radicais OH são também produzidos na estratosfera pela reação do O'D com o metano

$$O^1D + CH_4 \longrightarrow OH + CH_3 \qquad (13)$$

Como a estratosfera é muito seca, grande parte do OH estratosférico é produzido pelo CH_4 . Por isso, a reação (13) é mais importante.

Os óxidos de azoto (NOx)

A maior parte dos NOx estratosféricos são produzidos a partir do N_2 O troposférico, cuja fonte é maioritariamente biológica. O O'D derivado da fotólise do ozono pode reagir com o N_2 O para dar NO.

$$N_2O + O^1D \longrightarrow 2NO \qquad (14)$$

O NO também é produzido devido à fotodissociação do NO_2

$$NO_2 + h\nu\ (\lambda<400\ nm) \longrightarrow NO + O \qquad (15)$$

Este processo é a fonte mais importante de NO na estratosfera.

Cloro (Cl)

Parte do Cl estratosférico é derivado do cloreto de metilo (CH_3 C1), que ocorre naturalmente, mas a maior parte provém da fotólise na estratosfera de cloroflurocarbonetos (CFC) produzidos pelo homem.

Os CFC são estáveis, não inflamáveis, pouco tóxicos e de produção pouco dispendiosa. Foram também designados por "Wonder Chemicals". São utilizados como refrigerantes, solventes, agentes de expansão de espuma e noutras aplicações mais pequenas.

Outros compostos que contêm cloro incluem o metilclorofórmio, um solvente, e o tetracloreto de carbono e produtos químicos industriais. Os CFCs são muito estáveis e não se dissolvem na água da chuva. Não existem processos naturais que removam os CFC da baixa atmosfera.

Lentamente, difundem-se para a estratosfera. Os CFCs são tão estáveis que só uma forte radiação UV (X< 226 nm) os pode quebrar. Um átomo de cloro pode destruir mais de 100.000 moléculas de ozono. O efeito líquido é a destruição do ozono mais rapidamente do que a sua criação natural.

Os grandes incêndios e certos tipos de vida marinha produzem uma forma estável de cloro que atinge efetivamente a estratosfera. No entanto, numerosas experiências mostraram que os CFC e outros produtos químicos amplamente utilizados produzem cerca de 85% do cloro na estratosfera, enquanto as fontes naturais contribuem apenas com 15%.

Por exemplo, o Cl é produzido devido à fotodissociação do Tricloroflurometano ($CFC1_3$) e do Dicloro diflurometano (CF_2 $C1_2$).

$$F_{11}:\ CFCl_3 + h\nu\ (\lambda<226\ nm) \longrightarrow CFCl_2 + Cl \qquad (16)$$

$$F_{12}:\ CF_2Cl_2 + h\nu\ (\lambda<215\ nm) \longrightarrow CF_2Cl + Cl \qquad (17)$$

Bromo (Br)

É de origem natural e antropogénica. O bromo natural entra na estratosfera principalmente como CH_3 Br, que é produzido por algas nos oceanos, juntamente com pequenas quantidades de espécies como $CHBr_3$) CH_2 Br_2 , CH_2 BrCl e $CHBrCl_2$. Quantidades adicionais substanciais de bromo são atribuíveis às actividades humanas, por exemplo, emissões de automóveis, queima de biomassa, etc.

A reação de acoplamento entre BrO e ClO produz átomos de Br e Cl.

$$BrO + ClO \longrightarrow Br + Cl + O_2 \qquad (18)$$

$$BrO + BrO \longrightarrow 2\,Br + O_2 \qquad (19)$$

1.7 Distribuição do ozono

A distribuição do ozono na atmosfera varia verticalmente, horizontalmente e em função do tempo. A distribuição do ozono é determinada tanto por efeitos fotoquímicos, como a fotodissociação, como por efeitos dinâmicos, como a circulação global.

1.7.1 Distribuição vertical do ozono

As reacções que envolvem a produção e perda de ozono da química de Chapman (reacções 1-5) podem ser usadas para determinar a distribuição de ozono na atmosfera. No estado estacionário, assumindo que o O3 está em equilíbrio, as concentrações de ozono são aproximadamente dadas por *(Subbaraya e Lal,* 1999)

$$n(O_3) = n(O_2)\sqrt{\left[\frac{J_2K_2n(M)}{J_3K_3}\right]} \qquad (1)$$

em que n (O3) é a concentração de ozono em moléculas cm^{-3}
$n(O_2)$ é a concentração de oxigénio molecular em moléculas cm^{-3}
n(M) é a concentração do ar em moléculas cm^{-3}
J_2 e J_3 são as taxas de fotodissociação das moléculas de oxigénio molecular e de ozono, respetivamente.
K_2 e K_3 são as taxas de reação do oxigénio e do ozono, respetivamente.

Esta equação pode ser utilizada para calcular a concentração de ozono a qualquer altitude. Mostra até que ponto o teor de ozono pode variar na estratosfera em condições fotoquímicas e a imagem da distribuição vertical do ozono na atmosfera. O maior número de moléculas de ozono numa coluna vertical na atmosfera média encontra-se a altitudes inferiores a 35 km.

No equador, a camada de ozono está centrada em cerca de 25 km, onde a taxa de produção é insignificante, enquanto a produção de oxigénio atómico atinge um máximo a 40 km. Perto do pólo, a taxa de produção máxima é deslocada para altitudes mais elevadas, mas as maiores concentrações de ozono são encontradas em altitudes mais baixas *(putsch,* 1979).

A distribuição vertical do ozono, resultante das observações abaixo de 30 km para diferentes latitudes, é mostrada na Figura 1.5 *(Brasseur e Solomon,* 1986). Esta mostra que a concentração máxima de ozono ocorre perto de 25 km de altitude na região tropical.

O valor máximo desloca-se para altitudes mais baixas (cerca de 20 km) em latitudes mais elevadas. É claro que grande parte da mudança na abundância total da coluna é devida à diferença encontrada nos perfis abaixo de 25 km.

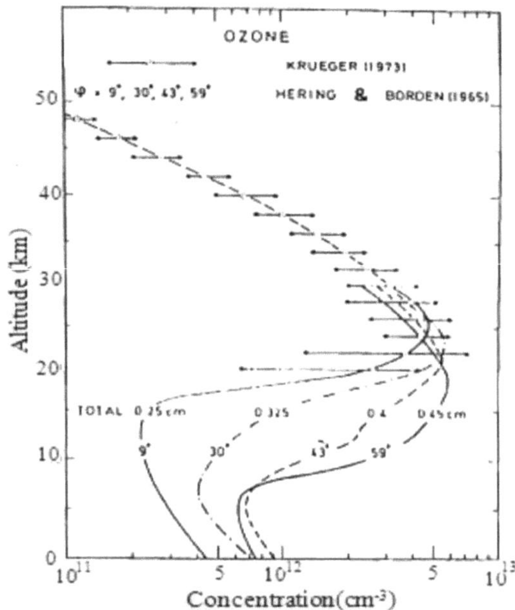

Figura 1.5: Distribuição vertical média das concentrações de ozono em diferentes latitudes *(Brasseur e Solomon,* 1986)

1.7. 2Distribuição espacial e sazonal do ozono

A medição da abundância total de ozono pode ser efectuada a partir do solo utilizando técnicas de absorção de UV e o ozono total tem sido sistematicamente observado durante vários anos e em numerosos locais.

Assim, o comportamento geral espacial e temporal deste gás na atmosfera está muito bem documentado.

Por exemplo, sabe-se que o ozono é caracterizado por variações latitudinais e sazonais que incluem uma abundância máxima na região de menor produção. A Figura 1.6 mostra a coluna total de ozono em função dos meses para vários locais do Hemisfério Norte.

Estes valores são expressos em unidades Dobson, o que corresponde à altura (em milhões) que a coluna de ozono teria se todas as moléculas de ozono estivessem à temperatura e pressão normais. É de notar que o ozono é mais abundante a maior latitude durante todas as estações do ano. Este aumento com a latitude é mais pronunciado no inverno e na primavera, quando o ozono atinge o seu máximo. As variações sazonais apenas

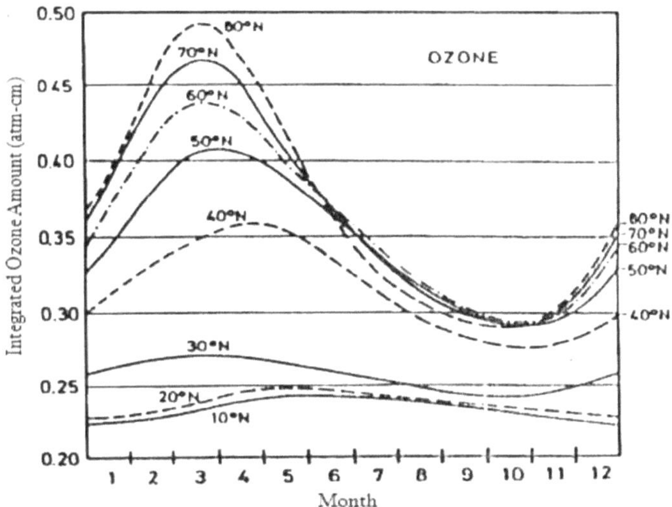

Figura 1.6: Tendência média do ozono total abundante durante o ano em diferentes latitudes no Hemisfério Norte, *de Dobson* (1968).

tornam-se grandes em latitudes polares de 30°N. Por exemplo, a 80°N, a variação relativa do ozono total é de cerca de 50 por cento em seis meses.

A distribuição global do ozono total em função da latitude e do tempo, derivada de uma rede de estações terrestres em diferentes longitudes, foi relatada em *Brasseur e Solomon* (1986). O estudo mostrou que o pico da abundância total de ozono aparece (cerca de 460 DU) entre 70°N e 75°N no final de março e início de abril. O máximo observado no Hemisfério Sul é menor (cerca de 400 DU), localizado em latitudes um pouco mais baixas entre 50 - 60°S. Ocorre também numa altura mais tardia na primavera (outubro/novembro). O teor médio de ozono total a longo prazo é 2% mais elevado no Hemisfério Norte do que no Hemisfério Sul *(London,* 1979). A assimetria hemisférica na distribuição do conteúdo total de ozono é geralmente devida a diferenças no padrão de circulação dos dois hemisférios.

A maior parte do ozono atmosférico é produzido nos trópicos e no verão. No entanto, como já foi referido, a sua distribuição global mostra que o ozono atinge o seu máximo na primavera, nas latitudes médias e altas, e não nos trópicos e no verão. Isto é devido ao transporte atmosférico, elevação vertical nos trópicos e subsequente transporte meridional.

1.8 Buraco na camada de ozono: destruição da camada de ozono polar

Todos os anos, nas últimas décadas, o regresso da luz solar às altas latitudes do Hemisfério Sul tem produzido uma destruição maciça do ozono na Antárctida. Os dados de satélite da NASA/TOMS/OMI mostraram que a área afetada não se limitava apenas às estações de observação, mas à maior parte da Antárctida. Esta área de 50 a

75 % de destruição do ozono total foi designada por "buraco do ozono". O buraco do ozono é definido geograficamente como a área onde a quantidade total de ozono é inferior a 220 DU. Nas últimas duas décadas, o buraco do ozono tem vindo a aumentar de forma constante, atingindo 27 milhões de km2 e a sua duração vai de agosto a princípios de dezembro.

As medições das variações sazonais do conteúdo total de ozono na Antárctida têm sido feitas desde 1956. As medições feitas com o espetrofotómetro Dobson mostraram grandes reduções entre setembro e outubro *(Subbaraya & Lal,* 1999) com recuperação subsequente em novembro e dezembro. A depleção durante a primavera tem vindo a aumentar todos os anos desde finais da década de 1970. Ferman e colaboradores efectuaram medições na Baía de Halley, na Antárctida (76°S, 27°W) *(Andrews,* 2000). Durante alguns anos, nos meses de setembro e outubro, o ozono total sobre uma grande parte do subcontinente antártico diminuiu para valores próximos de 100 UD, a partir de um nível normal de cerca de 300 UD.

As medições por balão da distribuição vertical no continente antártico mostraram que a destruição do ozono ocorre principalmente na gama de alturas de 10 a 25 km *(Subbaraya e Lal,* 1999). No final de setembro e início de outubro, quase todo o ozono é destruído na região de altitude de 15 a 20 km, como mostra a Figura 1.7 *(Andrews,* 2000). No final do ano, o ozono regressa à estratosfera antárctica, embora a região empobrecida de ozono possa afastar-se para as latitudes mais baixas antes de ser preenchida.

Foram sugeridos vários tipos de teorias, como o ciclo solar, a dinâmica atmosférica e a química heterogénea para a destruição do ozono antártico. A química heterogénea, que é a química do cloro ou dos CFCs com condições especiais, como as nuvens estratosféricas polares (PSCs) e o vórtice polar, é considerada a mais adequada.

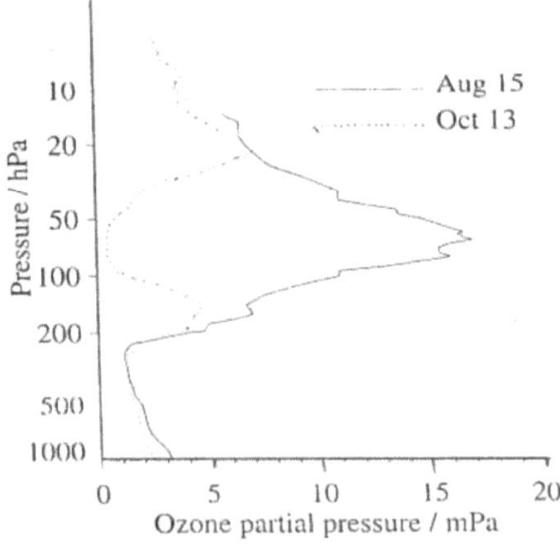

Figura 1.7: A pressão parcial de ozono na baixa estratosfera sobre a Baía de Halley em 15 de agosto e 13 de outubro de 1987 (*Andrews,* 2000).

A estratosfera é muito seca e geralmente sem nuvens. A noite polar produz temperaturas tão baixas como 183K a alturas de 15 a 20 km. Isto é suficientemente frio para condensar até mesmo a pequena quantidade de vapor de água presente para formar PSCs. A reação heterogénea que ocorre nos PSCs desempenha um papel vital na destruição do ozono polar. Geralmente, a libertação de cloro ativo das espécies reservatório HC1 e CIONO2 é lenta. Os PSCs promovem a conversão dos principais reservatórios de cloro HC1 e CIONO2 em cloro fotoliticamente ativo. As reacções heterogéneas que ocorrem na região polar são:

$$ClONO_2\,(g) + HCl(s) \longrightarrow Cl_2(g) + HNO_3(s) \quad (1)$$

$$ClONO_2\,(g) + H_2O(s) \longrightarrow HOCl(g) + HNO_3(s) \quad (2)$$

$$N_2O_5\,(g) + HCl(s) \longrightarrow ClONO_2\,(g) + HNO_3(s) \quad (3)$$

$$N_2O_5\,(g) + H_2O(s) \longrightarrow 2HNO_3(s) \quad (4)$$

em que g representa o estado gasoso e s o estado sólido.

Estas reacções convertem os compostos inactivos como CIONO2 e HC1 em espécies reactivas como Cl_2 , HOC1. Estas espécies dissociam-se na presença da luz solar no início da primavera (setembro - outubro) para dar origem a radicais Cl que podem destruir cataliticamente o ozono.

$$Cl_2 + h\nu \longrightarrow 2Cl$$

$$HOCl + h\nu \longrightarrow OH + Cl \quad (5)$$

Assim, para o mecanismo de destruição do ozono na estratosfera polar, são necessários dois ingredientes. Estes são a temperatura fria e a luz solar. A temperatura fria é necessária para a formação de nuvens estratosféricas polares que fornecem as superfícies nas quais ocorrem as reacções heterogéneas. A luz solar é então necessária para fotolisar o Cl $gasoso_2$, H0C1 e $C10N0_2$. Uma vez que as PSC se formam principalmente nos meses de inverno e na região mais fria da estratosfera antárctica, estes processos têm o importante efeito de tornar a química do cloro no ozono empobrecido na sua região de pico de 10-25 km.

Nas reacções acima referidas (1-4), a formação de HNO3 suprime a abundância de óxidos de azoto reactivos (NOx). Esta alteração também impede a formação de $C1ONO_2$, permitindo assim que o Cl libertado permaneça ativo. Além disso, a formação de ácido nítrico tri-hidratado (NAT) e a sedimentação de partículas de nuvens maiores implicam a remoção total do azoto da estratosfera. A observação mostrou a desnitrificação (redução de HNO_3) e a desidratação (redução de H_2 O) da estratosfera antárctica, o que apoia a validade destes esquemas.

Não existem átomos de oxigénio livres suficientes na estratosfera inferior do Antártico para converter o CIO em Cl. *Molina e Rowland* (1974) e *Molina et al.* (1987)

sugeriram os seguintes esquemas de reação

$$2Cl + O_3(g) \longrightarrow ClO + O_2$$

$$ClO + ClO + M \longrightarrow Cl_2O_2 + M$$

$$Cl_2O_2 + h\nu \longrightarrow Cl + ClOO$$

$$ClOO + O_3 + M \longrightarrow ClO + 2O_2 + M$$

$$\text{Net: } 2O_3 + h\nu \longrightarrow 3O_2$$

McElroy et al. (1986) sugeriram um esquema alternativo envolvendo radicais Cl e Br na destruição do ozono, ou seja

$$Cl + O_3 \longrightarrow ClO + O_2$$

$$Br + O_3 \longrightarrow BrO + O_2$$

$$ClO + BrO \longrightarrow Br + ClO_2$$

$$ClO_2 + M \longrightarrow Cl + O_2 + M$$

$$\text{Net : } 2O_3 \longrightarrow 3\,O_2$$

Os cálculos do modelo sugerem que a concentração do regulador ClO é de cerca de 80%, enquanto a química do cloro e do bromo contribui com o restante.

Na região do Ártico, a alta latitude do hemisfério norte, tem sido observada uma redução do ozono de até 50% do valor médio do ozono global. Os PSC são abundantes na região do Ártico e desaparecem várias semanas antes de a radiação solar penetrar na estratosfera árctica. O vórtice polar do Ártico é menos estável do que o do Antártico porque a Antárctida é uma massa terrestre mais fria do que a massa de água do Ártico. Consequentemente, durante o inverno, o transporte de ozono dos trópicos para o Pólo Norte (região do Ártico) é mais forte do que no hemisfério sul. Estes factores combinam-se para manter níveis relativamente mais elevados de ozono nas regiões do Ártico.

1.9 Impacto da destruição da camada de ozono

Como já foi referido, o ozono atmosférico protege a biosfera terrestre da radiação solar ultravioleta (UV) nociva. A perda de ozono estratosférico devido à corrente ascendente de poluentes que destroem o ozono, gerados tanto por processos naturais como por actividades humanas, pode ter sérias implicações, o que se tornou um tema de grande preocupação nos últimos anos. Apesar de ter uma proporção tão pequena, desempenha um papel importante na climatologia e na biologia da Terra. Assim, o ozono está intimamente ligado ao processo de manutenção da vida. Qualquer diminuição do ozono teria, portanto, efeitos catastróficos no sistema de vida da Terra

(Madronich, 1992).

A destruição do ozono na estratosfera provoca efeitos nocivos diretos e indirectos. A temperatura da estratosfera aumenta devido à absorção da radiação térmica pelo ozono. A redução do ozono estratosférico conduziria a alterações de temperatura e provocaria falhas de precipitação na Terra. A radiação UV-B, que aumenta com a destruição do ozono, não penetra muito no corpo; a maior parte é absorvida nas camadas superficiais da pele. Este facto limita os efeitos primários à pele e aos olhos. Esta radiação UV tem o potencial de danificar o ADN das células vivas, inibir o crescimento das plantas, danificar a pele animal e humana, aumentar a probabilidade de cancro da pele, danificar a córnea e as lentes dos olhos (cataratas) e afetar o sistema imunitário. O cancro é a ameaça mais bem estabelecida para o homem. Quando a camada de ozono se torna mais fina, provoca cancros, especialmente os relacionados com a pele, como o melanoma. Uma diminuição de 10% do ozono estratosférico parece conduzir a um aumento de 20-30% do cancro da pele *(Sharma,* 1998).

Os organismos vivos são sensíveis especificamente à radiação com comprimentos de onda inferiores a 400 nm. Uma vez que os comprimentos de onda inferiores a 280 nm são quase completamente absorvidos pela atmosfera, a radiação relevante para a biologia ambiental restringe-se às gamas UV-B (280 -325 nm) e UV-A (315 - 400 nm). A luz solar que chega até nós contém apenas 0,5% de radiação UV-B em termos de energia radiante *(Mckenzie et al.,* 1991). Esta pequena fração de radiação é responsável pela maioria dos efeitos da luz solar nos organismos vivos. É a principal causa do eritema (vermelhidão da pele), vulgarmente conhecido como queimadura solar. Aparece cerca de 1 a 6 horas após a exposição e desaparece em cerca de 24 a 75 horas. Provoca alergia, formação de bolhas, descamação e inflamação. Além disso, os processos biológicos são mais sensíveis à região UV-B, na qual a transmissão da radiação solar é fortemente afetada pelo ozono atmosférico.

Outra consequência da exposição aos UV-B é a cegueira provocada pela neve, provavelmente um dos factores de indução de cataratas. Calcula-se que uma redução de cerca de 1% do ozono levaria a 100 000 casos adicionais de cegueira induzida por cataratas em todo o mundo *(Brasseur et al.,* 1999). Outro efeito adverso da exposição à radiação UV-A é a pigmentação, vulgarmente conhecida como bronzeamento. Além disso, a radiação UV-B também suprime o sistema imunitário dos seres humanos e dos animais. Do mesmo modo, os efeitos adversos devidos ao aumento da irradiação UV são a destruição da vida aquática, da vida terrestre, da vegetação, do ecossistema e, consequentemente, das condições socioeconómicas *(Mckenzie etal.,* 1991).

1.10 Indicadores ambientais: Destruição da camada de ozono

Há mais de 60 anos, os clorofluorocarbonetos (CFC) foram inventados nos Estados Unidos e rapidamente encontraram muitas utilizações em todo o mundo na refrigeração, no ar condicionado e noutros processos industriais. Devido a provas científicas de que os CFC e outros produtos químicos destroem o ozono na atmosfera superior, os Estados Unidos, o país que tradicionalmente tem sido o maior emissor de CFC em todo o mundo, está a diminuir rapidamente.

A camada de ozono na estratosfera protege a vida na Terra da exposição a níveis perigosos de luz ultravioleta. Fá-lo filtrando a radiação ultravioleta nociva do sol. Quando os CFC e outros degradadores do ozono são emitidos, misturam-se com a atmosfera e acabam por subir até à estratosfera. O cloro e o bromo são os principais agentes catalisadores da destruição do ozono. Esta destruição está a ocorrer a um ritmo mais rápido do que o ozono pode ser criado através de processos naturais. A degradação da camada de ozono leva a que níveis mais elevados de radiação ultravioleta atinjam a superfície da Terra. Esta situação, por sua vez, pode levar a uma maior incidência de cancro da pele, cataratas e problemas no sistema imunitário, e espera-se que também reduza o rendimento das colheitas, diminua a produtividade dos oceanos e, possivelmente, contribua para o declínio das populações de anfíbios que se verifica em todo o mundo.

Os produtos químicos mais responsáveis pela destruição da camada de ozono são os clorofluorocarbonos, o tetracloreto de carbono, o cloreto de metilo, o brometo de metilo, o clorofórmio de metilo e os halons. Os clorofluorocarbonetos têm sido amplamente utilizados como refrigerantes em frigoríficos e aparelhos de ar condicionado e como agentes espumantes, solventes e propulsores de aerossóis. O tetracloreto de carbono e o clorofórmio de metilo são solventes industriais importantes. Nos países desenvolvidos, o tetracloreto de carbono é atualmente utilizado quase exclusivamente como matéria-prima para a produção de clorofluorocarbonetos. Os CFC hidrogenados (HCFC) têm muitas das mesmas utilizações que os CFC e são cada vez mais utilizados como
substitutos provisórios dos CFC *[Lubin e Holm-Hansen,* 1995]. Os halons têm sido utilizados em extintores de incêndio. Prevista há muito tempo, a degradação da camada de ozono foi confirmada de forma dramática quando, em 1985, foi assinalado um grande buraco na camada sobre a Antárctida. Foram observadas diminuições estratosféricas mais pequenas mas significativas em regiões mais povoadas da Terra. A investigação subsequente estabeleceu que os produtos químicos industriais são responsáveis pelas reduções de ozono observadas na Antárctida e desempenham um papel importante na destruição global do ozono.

1.11 Actividades humanas

O cloro e o bromo são emitidos para a atmosfera tanto por fontes naturais como humanas. Estas substâncias químicas muito estáveis produzidas pelo homem não são solúveis na água e não são decompostas quimicamente na baixa atmosfera. Assim, sobrevivem o tempo suficiente para atingir a estratosfera. Os CFC e o tetracloreto de carbono são relativamente pouco reactivos na baixa atmosfera (a troposfera) e passam incólumes para a estratosfera, onde são decompostos pela luz solar intensa, libertando cloro que catalisa a destruição das moléculas de ozono. Certos produtos químicos que empobrecem a camada de ozono (HCFC-22 e metilclorofórmio) são mais reactivos na troposfera e libertam menos da sua carga inicial de cloro para a estratosfera. Os halons também são geralmente reactivos na troposfera e libertam apenas uma fração da sua carga inicial de bromo para a estratosfera, mas o bromo é 40 vezes mais eficaz na destruição do ozono do que o cloro. Está a ser dada cada vez mais atenção ao papel de destruição do ozono do brometo de metilo, que tem três fontes humanas potencialmente importantes, ou seja, a fumigação dos solos, a queima de biomassa e o escape dos automóveis que utilizam gasolina com chumbo, para além de uma fonte oceânica natural.

A produção americana de gases que empobrecem a camada de ozono diminuiu significativamente desde 1988, tendo agora atingido níveis (medidos pelo seu potencial de empobrecimento da camada de ozono) comparáveis aos de há 30 anos. Devido aos acordos internacionais para diminuir a produção e, em última análise, eliminar gradualmente a produção de CFC e halons, os cientistas esperam que as concentrações totais de cloro e bromo na troposfera atinjam um pico em 1996 e comecem a diminuir lentamente pouco depois. Prevê-se que as concentrações atinjam o pico na estratosfera 3 a 5 anos mais tarde. [st]Prevê-se um aumento das perdas de ozono durante o resto da década, com uma recuperação gradual em meados do século XXI. As recentes observações das medições da rede de ozono mostraram que o ozono foi recuperado globalmente.

1.12 Estado do ambiente

A monitorização mundial mostrou que o ozono estratosférico tem vindo a diminuir nas últimas duas décadas ou mais. A perda média em todo o mundo totalizou cerca de 5% desde meados da década de 1960, com perdas acumuladas de cerca de 10% no inverno e na primavera e de 5% no verão e no outono na América do Norte e na Austrália.

Desde o final da década de 1970, formou-se um buraco de ozono sobre a Antárctida em cada primavera austral (setembro/outubro), em que até 60 por cento do ozono total se esgota. Em 1992 e 1993 registaram-se níveis baixos de ozono a nível mundial. Estes baixos níveis de ozono deveram-se, em parte, a grandes quantidades de partículas de sulfato estratosférico provenientes da erupção vulcânica do Monte Pinatubo, nas Filipinas, em 1991; as partículas de sulfato aceleraram temporariamente a destruição do ozono causada pelos compostos de cloro e bromo produzidos pelo homem.

Tal como se esperava da utilização crescente de substitutos dos CFC, as observações de vários locais revelaram concentrações crescentes destes compostos na atmosfera. Estes substitutos têm um tempo de vida curto na troposfera, o que tende a reduzir o seu impacto no ozono estratosférico, em comparação com os CFC e os halons {*Rowland,* 1991). No entanto, alguns são potentes gases com efeito de estufa.

A ligação entre uma diminuição do ozono estratosférico e um aumento da radiação ultravioleta (UV) à superfície da Terra foi reforçada nos últimos anos por medições simultâneas do ozono total e da radiação UV na Antárctida e na parte sul da América do Sul durante o período do "buraco" sazonal do ozono. As medições mostram que quando o ozono total diminui, a radiação UV aumenta. Além disso, foram observados níveis elevados de UV à superfície em latitudes médias a altas no Hemisfério Norte em 1992 e 1993, correspondendo aos baixos níveis de ozono desses anos. No entanto, a falta de monitorização a longo prazo dos níveis de UV à superfície e as incertezas introduzidas pelas nuvens e pelos poluentes ao nível do solo impediram a identificação inequívoca de uma tendência a longo prazo na radiação UV à superfície.

1.13 Resposta

Reagindo à ameaça ambiental da destruição da camada de ozono, as nações do mundo uniram-se para criar um tratado global, a Convenção de Viena para a Proteção da Camada de Ozono.

O acordo entrou em vigor em 1988 e o subsequente Protocolo de Montreal sobre substâncias que empobrecem a camada de ozono entrou em vigor em 1989. No total, 140 países são partes no Protocolo de Montreal. As partes do Protocolo decidiram um calendário para que os países reduzam e acabem com a sua produção e consumo de oito dos principais halocarbonos. O Protocolo prevê igualmente um atraso de dez anos neste calendário para os países em desenvolvimento que consomem menos de 0,3 quilogramas per capita.

O calendário do Protocolo de Montreal foi acelerado em 1990 e 1992. As alterações foram adoptadas em resposta a provas científicas de que o ozono estratosférico se está a esgotar mais rapidamente do que o previsto. Como parte de um esforço para acelerar a eliminação progressiva da produção e do consumo de produtos químicos que empobrecem a camada de ozono, as partes no Protocolo decidiram fornecer transferência de tecnologia e fundos dos países industriais para os países em desenvolvimento.

De acordo com o calendário acelerado, a produção da maioria dos gases controlados deverá cessar até 1 de janeiro de 1996. No entanto, os países em desenvolvimento podem receber dos países industrializados uma produção residual que não exceda 15% dos níveis de 1986. Alguns governos comprometeram-se a antecipar ainda mais os prazos de eliminação.

Dada a importância da camada de ozono e a exidade das reacções químicas que a afectam, o estado da camada de ozono deve continuar a ser monitorizado. Esperamos que os governos de todo o mundo cooperem para dissipar o perigo que representa a ameaça global da destruição da camada de ozono na estratosfera e da produção de ozono perto da superfície da Terra.

CAPÍTULO 2

Técnicas de medição do ozono atomosférico

2.1 Introdução

Uma medida adequada do ozono na atmosfera é a coluna de ozono ou ozono total. O ozono total ou teor total de ozono é definido como sendo igual à quantidade de ozono contida numa coluna vertical com uma base de 1 cm^2. Uma medida conveniente do ozono total é a unidade Dobson (DU). É a espessura da camada total de ozono em mili-centímetros de atmosfera, se todas as moléculas de ozono forem trazidas à superfície à pressão e temperatura normais (lDU - 1mm atmcm - $10^{'3}$ atmcm - 2,69xl0^{16} moléculas $cm^{'3}$). Uma UD representa uma concentração atmosférica média de aproximadamente uma parte por mil milhões de volume (ppbv) de O_3 . Como já foi referido, o ozono não está distribuído uniformemente pelo globo. A quantidade típica de ozono varia entre 230 e 480 DU, com uma média mundial de cerca de 300 DU *(WMO,* 1988). Um nível de 260 DU ou inferior é considerado crítico e se as medições diminuírem abaixo deste valor, a destruição do ozono é considerada grave nas latitudes elevadas.

Existem muitos instrumentos para medir o ozono estratosférico. Estes instrumentos podem ser classificados pelo tipo de medições - remotas ou in situ, pelas técnicas de medição - absorção, emissão, eletroquímica ou espetroscopia de massa, ou pelo local onde são efectuadas as leituras - solo, balão, foguetão ou espaço. Se as medições forem efectuadas a partir do solo, são designadas por instrumentos terrestres. Se as medições forem efectuadas a partir de instrumentos mantidos em satélites, estes são designados por instrumentos baseados em satélites.

2.2 Cerveja Lambert Law

Todos os instrumentos de base comum funcionam com base no princípio da espetroscopia de absorção. A lei de Beer-Lambert é o princípio geral subjacente à espetroscopia de absorção quantitativa. À medida que os fotões solares penetram na atmosfera terrestre, sofrem colisões com as moléculas atmosféricas e são progressivamente absorvidos e dispersos. A probabilidade de absorção por uma molécula depende da natureza da molécula e do comprimento de onda dos fotões que chegam. Uma secção transversal de absorção efectiva $\sigma(\lambda)$ pode ser definida para cada espécie fotoquímica em consideração *(Brasseur et al.,* 1986).

A absorção da radiação é regida pela interação entre os fotões e a matéria, pelo que, se a radiação de intensidade I (λ) atravessar uma placa fina de absorvente de área unitária e espessura ds (como mostra a Figura 2.1), a diminuição da intensidade é dada por

$$-dI = \sigma(\lambda)\, I(\lambda) n\, ds \qquad (1)$$

em que n é o número de densidade do absorvente (em moléculas cm')^3
$\sigma(\lambda)$ é a secção transversal de absorção (em cm^2 molécula'^{1}) e é uma constante para a espécie absorvente e o comprimento de onda da radiação.

À temperatura padrão (273,15K) e à pressão (1013,25mb), a concentração ambiente é dada pelo número de Loschmid no = 2,687xl0^{19} cm'^{2} . A integração da equação (1) para a intensidade incidente I_0 (λ) e a intensidade transmitida 1(λ) através de uma placa de espessura T permite obter

$$I(\lambda) = I_0(\lambda) \exp \{-\int_0^l n\sigma(\lambda)ds\}$$

No caso em que n é independente de 1 (comprimento da trajetória em cm), a equação simplifica-se para

$$I(\lambda) = I_0(\lambda)\ e^{(-nl_\sigma(\lambda))} \qquad (2)$$

A quantidade nl é a densidade da coluna em moléculas cm' .^{2}
Se N = nl, então a equação (2) passa a ser

$$I(\lambda) = I_0(\lambda)\ e^{(-N_\sigma(\lambda))}$$

Se τ for a espessura ótica total, que é a soma das espessuras ópticas de todas as espécies absorventes, a equação (2) pode ser escrita como

$$I(\lambda) = I_0(\lambda)\ e^{-\tau} \qquad (3)$$

em que, τ = nci(A)s - No(A).

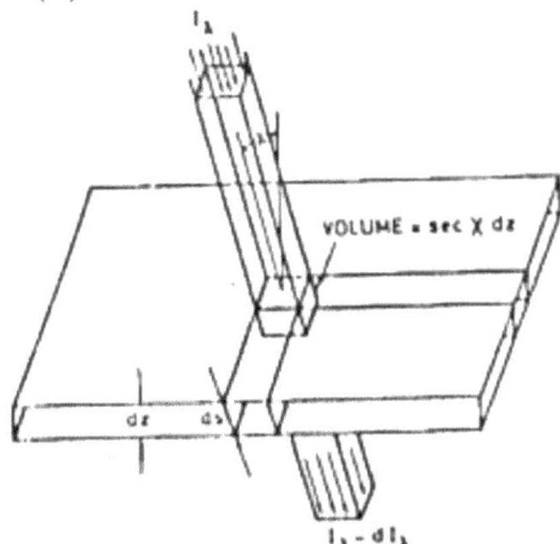

Figura 2.1: Absorção da radiação solar numa camada atmosférica de área unitária *(Brasseur et al.,* 1986).

A soma da espessura ótica para todas as espécies e para o comprimento do trajeto da atmosfera é designada por extinção atmosférica.

A radiação solar penetra na atmosfera com um ângulo de incidência que depende do tempo de ozono local, da estação do ano e da latitude. O cosseno do ângulo zenital solar local (χ) é dado por

$$\cos(\chi) = \cos(\varphi)\cos(\delta)\cos(H) + \sin(\varphi)\sin(\delta) \qquad (4)$$

em que cp é a latitude, δ é o ângulo de declinação solar, que depende da estação do ano, e H é o ângulo horário, que é 0° para o meio-dia local e aumenta 15° por cada hora a partir do meio-dia. Desprezando a curvatura da Terra,

$$ds = dz \sec(\chi) \qquad (5)$$

em que dz é uma unidade de variação da altitude. Além disso, assume-se frequentemente que a concentração n(z) varia exponencialmente com a altitude de acordo com uma altura de escala H como

$$n(z) = n_0 \exp(-z/H) \qquad (6)$$

de modo que, para um meio que contém apenas um gás absorvente, a variação da radiação solar monocromática com a altitude pode ser escrita como

$$I(z) = I(_\infty)\exp\{-\sec\chi \int_z^\infty n_0\sigma(\lambda)\, e^{-z/H}\, dz\} \qquad (7)$$

$$= I(_\infty)\exp\{-\sec\chi\, n_0\sigma(\lambda)H\, e^{-z/H}\, dz\} \qquad (8)$$

onde I(∞) representa a intensidade solar fora da atmosfera terrestre. A taxa de formação de iões, as taxas de fotodissociação e a produção de calor estão diretamente relacionadas com a taxa de deposição de energia na atmosfera por absorção. Esta última quantidade pode ser escrita como

$$r = -\frac{dI}{ds} = \frac{dI}{dz}\cos\chi$$

$$= n_0\sigma(\lambda)I(\infty)\exp\{-(z/H + \tau_0 \exp{-z/H})\} \qquad (9)$$

Onde $\tau_0 = n_0\sigma(\lambda)H \sec\chi$ (10)

Esta expressão representa a profundidade ótica de toda a atmosfera para o ângulo zenital %.

2. 3Técnicas de medição

O ozono atmosférico pode ser medido por vários métodos com diferentes técnicas e instrumentos. Os instrumentos evoluíram de espectrómetros terrestres para balões, aviões, foguetões e satélites. As medições da concentração de ozono utilizando diferentes instrumentos podem ser classificadas em três categorias, tais como

(a) Medições terrestres
(b) Medições aéreas
(c) Medições por satélite

2.3.1 Medições em terra

Se as medições forem efectuadas a partir do solo, designam-se por medições terrestres. As primeiras medições quantitativas do ozono total na coluna vertical foram efectuadas com instrumentos ópticos ao nível do solo por Fabry e Buisson e foram aperfeiçoadas por *Dobson et al.* (1929). As estações terrestres têm fornecido durante muitos anos uma grande quantidade de medições úteis para o estudo da química e dinâmica atmosférica e para monitorizar a poluição ambiental. A partir dessas estações, foi criado um conjunto de dados de longo prazo em muitas regiões do planeta para estudar as variações temporais dos gases vestigiais estratosféricos, a carga de aerossóis e outros parâmetros físicos importantes *[Bortoli et al.,* 2007]. Estes instrumentos fornecem dados a longo prazo sobre o ozono total da coluna e a distribuição do ozono em função da altitude, mas apenas numa pequena área. Os instrumentos mais utilizados para medir o ozono a partir do solo são o espetrofotómetro Dobson e o Light Detection and Ranging (LIDAR). Os outros dois instrumentos terrestres são o ozonómetro com filtro M-83 e o espetrofotómetro Brewer. Estes instrumentos são utilizados regularmente para medir o ozono total da superfície da Terra. A absorção pelo ozono da radiação ultra-violeta do Sol e da Lua pode ser utilizada para medir o ozono total na atmosfera. Os espectrofotómetros Dobson e Brewer são utilizados na rede de observação terrestre em todo o mundo para a determinação do teor total de ozono da atmosfera.

2.3.2 Espectrofotómetro Dobson

O espetrofotómetro Dobson é o instrumento mais antigo utilizado para medir o ozono atmosférico. Já na década de 1930, os espectrofotómetros Dobson foram pioneiros nas observações regulares do ozono total da coluna *(Dobson,* 1929). O método Dobson é fortemente afetado pelos aerossóis e poluentes presentes na atmosfera. As medições dos espectrofotómetros Dobson são frequentemente utilizadas para calibrar os dados obtidos por outros métodos, incluindo os satélites. Os espectrofotómetros Dobson podem ser utilizados para medir tanto o ozono total da coluna como os perfis de ozono na atmosfera. As medições podem basear-se na luz do Sol, da Lua ou das estrelas. As diferentes técnicas permitem efetuar medições em diferentes condições meteorológicas e ao longo do dia.

O princípio operacional do espetrofotómetro baseia-se no facto de que o coeficiente de absorção do ozono para a radiação UV diminui rapidamente com o aumento do comprimento de onda nas bandas de absorção de Huggins (300-360 nm), fornecendo uma gama na atmosfera terrestre desde a absorção quase completa até à absorção mínima da radiação solar recebida *[Basher,* 1982]. A técnica utiliza a absorção relativa da radiação solar de dois comprimentos de onda, um fortemente absorvido pelo ozono e outro ligeiramente absorvido. A medição básica do ozono baseia-se no rácio das intensidades da radiação UV em dois comprimentos de onda padrão. As medições são feitas olhando diretamente para o Sol perto do meio-dia ou simetricamente antes e depois do meio-dia. A média das medições individuais é calculada para formar o valor diário *(Dobson,* 1968). Os pares de comprimentos de onda UV utilizados para a medição do ozono atmosférico são apresentados no quadro seguinte:

Tabela 2.1: Pares de comprimentos de onda UV utilizados para medições do ozono atmosférico com espectrofotómetros Dobson.

Pair Designation	Wavelength (λ_1)	Wavelength (λ_2)	O_3 absorption coefficient (a)
A	3055Å	3254Å	1.748
B	3088Å	3291Å	1.140
C	3114.5Å	3324Å	0.800
D	3176Å	3398Å	0.360
C'	3324Å	4536Å	

Aqui, (a) é a diferença nos coeficientes de absorção do ozono (atom"em) para o comprimento de onda mais curto menos o comprimento de onda mais longo.

A combinação mais utilizada, recomendada como padrão, é a dos pares de comprimentos de onda A e D. Nas estações de latitude elevada, a meio do inverno, a trajetória oblíqua da luz solar torna-se mais longa, pelo que é absorvida tanta luz a 3055A que as medições com o par A se tornam muito difíceis e imprecisas. As observações tendem a ser efectuadas com pares de comprimentos de onda duplos CD para os quais ainda chega luz UV suficiente a 3114,5A e 3176A. Em ângulos solares muito baixos e trajectórias oblíquas muito longas, pode ser necessário utilizar o par de comprimentos de onda C' para obter uma maior precisão.

Enquanto se preferem observações do rácio de luz UV recebida para pares de comprimentos de onda padrão da luz solar direta. Nos meses de inverno, nas estações de latitude muito elevada, há pouca ou nenhuma luz solar direta. Nesta situação, as observações são possíveis utilizando a luz direta da lua. Mas é difícil devido à intensidade UV muito mais baixa reflectida pela lua. Noutras latitudes, as medições também são desejáveis nos dias em que não há luz solar direta. Estes dados de observação baseiam-se nas medições (nos mesmos comprimentos de onda padrão) da luz solar dispersa do céu zenital claro ou nublado, convertidas para a medição padrão do sol direto AD através de uma tabela de transferência empírica estabelecida.

2.3.3 Espectrofotómetro Brewer

O espetrofotómetro Brewer é um instrumento científico que mede a radiação ultravioleta (UV) no espetro solar. Examinando a absorção diferencial de comprimentos de onda selecionados na porção UVB do espetro, determinam-se o ozono total da coluna e o dióxido de enxofre total da coluna *[Brewer e Kerr,* 1973]. Trata-se de um sistema ótico melhorado para a observação do ozono total. Foi desenvolvido em 1978 como substituto dos instrumentos Dobson *[Kerr e MCElory,*

1980, 1984]. A comunidade científica reconhece que as flutuações acentuadas das concentrações atmosféricas de ozono e de dióxido de enxofre estão ligadas a uma série de condições ambientais adversas. Acredita-se que a camada de ozono, que protege a Terra dos efeitos nocivos da radiação solar ultravioleta, seja vulnerável ao ataque de fluorocarbonetos e outros efluentes. Muitos cientistas receiam que a sua destruição possa alterar irreversivelmente os padrões climáticos mundiais. O dióxido de enxofre atmosférico está intimamente associado ao fenómeno das "chuvas ácidas", que, tal como a destruição da camada de ozono, tem implicações para o ambiente global.

A preocupação atual com a vulnerabilidade da camada de ozono à destruição por poluentes atmosféricos aumentou a procura de medições de alta qualidade, distribuídas globalmente, do ozono total e do espetro UV a partir de uma rede de instrumentos em terra. Desde o início dos anos 80, o Serviço de Ambiente Atmosférico do Canadá (AES) tem vindo a desenvolver o espetrofotómetro Brewer com o objetivo de complementar a instrumentação da Rede Mundial de Ozono. A partir de 2000, mais de 80 instrumentos Brewer foram incorporados na Rede Mundial de Ozono e mais de 160 unidades estão a efetuar medições em mais de 30 países em todo o mundo.

2.3.3.1 Vista geral do sistema de fabrico de cerveja

A visão geral do espetrofotómetro Brewer é apresentada na Figura 2.2. Os componentes principais de um sistema Brewer completo são: espetrofotómetro Brewer, sistema de seguimento solar, IBM PC ou computador compatível com o software Brewer e impressora.

O espetrofotómetro Brewer é fornecido com um conjunto completo de programas, que controlam todos os aspectos da recolha de dados e algumas análises. O computador está programado para interagir com um operador e controlar o Brewer num modo de funcionamento manual ou totalmente automatizado. Tanto no modo manual como no semi-automático, o operador inicia uma observação específica ou um teste de instrumento, digitando um simples "comando" no teclado do computador. Os dados em bruto são automaticamente registados na unidade de dados do computador em tempo real. Os resultados de ozono e UV podem ser impressos.

2.33.2 Descrição do equipamento

O espetrofotómetro Brewer é um instrumento ótico concebido para medir as intensidades ao nível do solo da radiação solar ultravioleta (UV) atenuada. O Brewer contém um espetrómetro Ebert f/6 modificado, que utiliza uma grelha de difração holográfica de 1800 linhas/mm operada na primeira ordem.

O Brewer foi concebido para funcionar continuamente ao ar livre e, por conseguinte, está alojado num invólucro resistente às intempéries, que protege os componentes internos de afinação fina. O instrumento funciona de forma fiável e precisa numa vasta gama de condições de temperatura e humidade ambiente. Segue-se uma breve descrição dos principais conjuntos mecânicos, ópticos e electrónicos que constituem o instrumento de base.

(i) Construção mecânica

O espetrofotómetro Brewer está alojado num recipiente à prova de intempéries constituído por duas peças - uma base, na qual estão ancorados todos os conjuntos ópticos e electrónicos, e uma tampa amovível. Quando a tampa é colocada no lugar, forma-se um selo à prova de intempéries entre a borda superior da base e a parte inferior da tampa. As dimensões do contentor montado são 70 x 46 x 21 cm. O painel de controlo dos instrumentos Brewer pode ser visualizado através de uma janela em perspex na parte superior da tampa. As portas de visualização da íris e da fenda de entrada do espetrómetro são visíveis através desta janela.

Três conectores circulares à prova de intempéries estão montados na lateral da base Brewer, abaixo da vedação à prova de intempéries. Um conetor macho de seis pinos marcado A.C. power liga à fonte de alimentação AC de 120V (ou 240 V). Um conetor fêmea de dez pinos marcado com computador transporta os sinais de comunicação de dados RS-422. Um conetor macho de dez pinos marcado azimute transporta o controlo do motor e os sinais de monitorização para o seguidor de azimute. Todas as superfícies expostas do contentor do espetrofotómetro e as ligações mecânicas são pintadas com um esmalte para maior durabilidade e para minimizar o aquecimento radiativo. Todas as peças de alumínio maquinadas do sistema do espetrofotómetro são anodizadas a preto para minimizar a dispersão da luz e proporcionar um acabamento protetor.

Figura 2.2: Vista geral do sistema Brewer (fonte: manual do utilizador do espetrofotómetro Brewer) .

No interior do espetrofotómetro está montado um recipiente de dessecante concebido para remover a humidade do ar à medida que a Cervejeira "respira" com as mudanças de temperatura da noite para o dia. O dessecante é do tipo "auto-indicador" e pode ser convenientemente removido, sem ferramentas, através da base do instrumento.

(ii) Sistema de apontamento zenital

Um prisma zenital de ângulo reto dirige a radiação recebida do sol, do céu ou das lâmpadas de teste para o eixo ótico do instrumento. Para ângulos zenitais na gama de

0° a 90°, o sol, ou o céu, é visto através de uma janela de quartzo inclinada. No ângulo zenital de 180°, o espetrómetro vê as lâmpadas de calibração e, a - 90°, o difusor de UV em teflon ocupa o campo de visão.

O prisma é montado num retentor que roda num sistema de rolamento duplo que tem uma folga lateral insignificante. O prisma é rodado por um motor de passo zenital controlado por microprocessador através de uma gama de rotação de 270 graus limitada por batentes. Este sistema fornece o hardware e a eletrónica necessários para permitir que o espetrofotómetro siga o sol ou a lua automaticamente no ângulo Zenith. O posicionamento zenital automático é efectuado através do acionamento do prisma zenital com um motor passo a passo montado na extremidade dianteira da estrutura do sistema ótico frontal. O motor de passo zenital é controlado pela placa eletrónica principal.

Tabela 2.2: Alvos do espetrómetro para vários ângulos zenitais

Zenith angle (°)	Object viewed by Spectrometer
0 to 90°	Sky or sun
180°	Calibration lamps
-90°	UV diffuser

(iii) Espectrómetros

A luz entra na fenda de entrada e passa através de uma lente inclinada que corrige o coma e as aberrações astigmáticas inerentes a um sistema Ebert. No primeiro espetrómetro, a luz é colimada por um espelho esférico sobre uma grelha de difração, onde é dispersa. Após a seleção do comprimento de onda pela máscara de fenda, a luz passa pelo segundo espetrómetro, onde é recombinada e dirigida para o plano da fenda de saída. Seis fendas de saída estão localizadas ao longo do plano focal nas posições de comprimento de onda apropriadas.

(iv) Placas de fenda de entrada e saída

A fenda de entrada e as seis fendas de saída são gravadas a laser em discos de aço duro com 0,1 mm de espessura. Uma das seis fendas de saída (fenda n.º 0) é utilizada para a calibração do comprimento de onda em relação ao grupo de linhas de mercúrio de 302 nm; as outras cinco são para medições de intensidade e estão nominalmente definidas para 306,3, 310,1, 313,5, 316,8 e 320,1 nm. Ambas as placas de fenda são posicionadas nas respectivas caixas por pinos de localização que orientam o eixo da fenda com uma precisão de 0,1°. Ambas as placas são escurecidas para minimizar a reflexão da luz.

(v) Detetor de fotomultiplicador (PMT)

A luz que passa através das fendas de saída é recolhida no cátodo de um detetor

PMT de baixo ruído. Os impulsos de fotões são amplificados, discriminados e divididos, antes de serem transmitidos a um contador. A contagem de fotões resultante é registada num dos seis canais de comprimento de onda. A radiação através das fendas de saída é focada no cátodo do PMT por uma lente Fabry de quartzo de 38,1 mm de distância focal. O cátodo está localizado no foco ultravioleta da lente Fabry. A distância entre a lente e o PMT tem em conta a alteração aparente da distância focal devido à presença dos filtros. O PMT está envolvido numa blindagem magnética que é mantida ao potencial catódico (aproximadamente -1300 V) para minimizar o ruído escuro. O PMT e a sua blindagem estão ligados por uma mola a um anel de teflon que coloca o cátodo no centro de foco da lente Fabry e também isola a blindagem magnética da caixa do PMT. A caixa foi concebida para permitir o acesso aos circuitos de amplificação e discriminação de fotões sem perturbar a ótica.

(vi) Seguimento solar

No software Brewer existe um algoritmo de Efemérides que calcula os ângulos azimutais e zenitais do Sol e da Lua, vistos a partir da localização atual. Os dados necessários para este cálculo incluem as coordenadas geográficas do local, o GMT e a data GMT. Estes ângulos são posteriormente processados pelo software e os comandos de posicionamento são enviados para o sistema Zenith Drive e para o Azumith Tracker.

(vii) Sistema de posicionamento zenital e azimutal

O sistema de posicionamento Zenith está ligado à extremidade dianteira da ótica frontal. O localizador de azimute é um pedestal de posicionamento para todas as condições atmosféricas, composto por um chassis à prova de intempéries que aloja um motor passo a passo, uma eletrónica de acionamento e um mecanismo de engrenagem. O chassis do seguidor é montado num tripé e é nivelado por meio de ajustes em cada perna do tripé.

Entre o espetrofotómetro e o Tracker existe um cabo de controlo que transporta os comandos de posicionamento da eletrónica Brewer. Os comandos de posicionamento são introduzidos num controlador de motor, que fornece o acionamento de um motor de passo. À medida que o motor roda, faz girar um eixo vertical de aço inoxidável que, num contacto de fricção, faz rodar uma placa de alumínio fixada ao corpo rotativo do seguidor. O Tracker está equipado com um sensor ótico que é utilizado como ponto de referência e um "interrutor de segurança" que retira a alimentação do motor no caso de ocorrer uma falha no sistema de deteção de referência. O Tracker está equipado com a sua própria fonte de alimentação e interrutor de alimentação.

23.3.3 Princípios de funcionamento

O espetrofotómetro Brewer é um instrumento ótico concebido para medir as intensidades, ao nível do solo, da radiação solar ultravioleta incidente atenuada em cinco comprimentos de onda específicos nos espectros de absorção do ozono e do dióxido de enxofre. As variações na quantidade de ozono afectam a radiância da radiação solar direta nestes comprimentos de onda.

Um sistema completo de espetrofotómetro Brewer é composto por um espetrofotómetro, um localizador de azimute e um computador pessoal. O Brewer, tal como outros dispositivos de medição, requer uma fonte, um detetor e um dispositivo de saída.

O dispositivo de saída do Brewer é o computador pessoal que serve também de interface de comunicação entre o Brewer e o operador. O programa de funcionamento do Brewer utiliza uma efeméride para calcular a posição do sol (ou da lua). A efeméride requer que o Brewer esteja nivelado e inicialmente alinhado com o sol. Também requer que o computador seja introduzido com a data correta, a hora média de Greenwich (GMT) e as coordenadas geográficas. O computador diz ao localizador para se mover de forma a que o Brewer siga o sol (ou a lua).

A luz que entra é dirigida através do sistema ótico frontal por um prisma diretor que pode ser rodado para selecionar a luz do Sol, da Lua, do céu total ou de uma das duas lâmpadas de calibração. Uma lâmpada de mercúrio fornece uma fonte de linha para a calibração do comprimento de onda do espetrómetro. Uma lâmpada de quartzo-halogénio fornece uma fonte de luz bem regulada para monitorizar a estabilidade da resposta espetral relativa do espetrómetro Brewer. Os elementos do sistema ótico frontal permitem ajustar o campo de visão, a atenuação de densidade neutra, a difusão do quartzo moído e uma seleção de polarizadores de película para medições do céu zenital.

(i) Teoria

A função de extinção Brewer tem mais um termo do que a função de extinção assumida pelo Dobson (do manual do utilizador do espetrofotómetro Brewer):

$$\ln\left({}^{I(\lambda)}\!/_{I_0(\lambda)} \right) = -\alpha(\lambda)\cdot\mu\cdot x - \beta(\lambda)\cdot m - \delta(\lambda)\cdot \sec Z - \gamma(\lambda)\cdot m\cdot S \qquad (4)$$

em que, I_0 (λ) e I(λ) são as intensidades da radiação solar fora da atmosfera e no solo, respetivamente.

β é o coeficiente de dispersão de Rayleigh do ar,

$\delta(\lambda)$ são os coeficientes de dispersão das partículas de aerossol a um comprimento de onda λ,

$\alpha(\lambda)$ é o coeficiente de absorção do ozono no comprimento de onda λ,

m é a relação entre as trajectórias real e vertical da radiação solar através da atmosfera, tendo em conta a refração e a curvatura da Terra,

Z é a distância zenital angular do sol,

μ é o rácio entre as trajectórias real e vertical da radiação solar através da camada de ozono,

γ (λ) é a secção transversal de absorção do dióxido de enxofre, e

S é a densidade de coluna do dióxido de enxofre e os outros termos têm os significados habituais acima referidos.

As leituras de intensidade são efectuadas em cinco comprimentos de onda diferentes para produzir cinco equações diferentes para a extinção. Através de uma combinação aritmética de quatro destas equações de extinção, é possível neutralizar simultaneamente a influência da dispersão de aerossóis e do dióxido de enxofre para determinar a densidade da coluna de ozono. Uma combinação aritmética diferente de três das equações de extinção e da densidade da coluna de ozono é então utilizada para resolver a densidade da coluna de dióxido de enxofre. As radiações UVB e o ozono total numa coluna vertical de secções transversais unitárias são medidas sistematicamente com um espetrofotómetro Brewer. O espetrómetro de grelha dispersa a luz ultravioleta para um plano focal no qual estão posicionadas seis fendas de saída nos comprimentos de onda de funcionamento.

(ii) Desempenho e estabilidade

O Brewer MK II é um monocromador de passagem única. Embora a luz difusa possa ser problemática com um instrumento de passagem única, o Brewer utiliza uma combinação de filtro/detetor para tornar a luz difusa insignificante para a aplicação da medição do ozono. Embora o Brewer tenha sido concebido para funcionar sem supervisão, também pode efetuar os testes de garantia de qualidade realizados pelo Dobson de forma automática e rotineira. Normalmente, os testes de estabilidade radiométrica e de comprimento de onda são efectuados diariamente.

Algumas verificações de garantia de qualidade são incorporadas nas rotinas de aquisição de dados. Durante uma medição do ozono, a máscara de fenda muda rapidamente de fenda para que as leituras radiométricas sejam efectuadas nas mesmas condições atmosféricas. Isto é repetido várias vezes e, se o desvio padrão das leituras for demasiado elevado, os dados são rejeitados.

2.3.3.4 Caraterísticas

O espetrofotómetro Brewer tem as seguintes caraterísticas

(i) Totalmente automatizado para utilizar o sol direto, o céu zenital ou a lua, como fonte de luz.

(ii) O SO2 total da coluna é separado dos dados relativos ao ozono.

(iii) Seleção precisa dos comprimentos de onda dos exames espectrais UV

(iv) Lâmpadas internas utilizadas para calibração do comprimento de onda e verificação da estabilidade.

O espetrofotómetro Brewer foi utilizado para verificar a calibração do espetrofotómetro Dobson nas estações Dobson: Aerosa, Belsk, Bracknell e Uccle em setembro e outubro de 1981 *(Kerr, et al.,* 1984). Estas estações apresentaram desvios quando comparadas com os dados do satélite TOMS. Quando os dados Dobson são comparados com os dados de deslocação, os desvios de resolução são também apresentados na tabela 2.5.

Quadro 2.5: Comparação dos dados de Brewer e Dobson

Station	$\frac{100*(Brewer - Dobson)}{Dobson}$	$\frac{100*(TOMS - Dobson)}{Dobson}$
Arosa	4.0	2.1
Belsk	-2.8	-2.4
Bracknell	-1.4	-1.3
Uccle	-1.2	-2.5

2.3.3.5 Automatização

O Brewer beneficia de uma automatização consideravelmente maior do que o Dobson. O Brewer é um instrumento de exterior que aponta automaticamente na direção pretendida. Os dados e os diagnósticos são obtidos de forma rápida e frequente através de uma programação pré-determinada.

O funcionamento automatizado permite a utilização frequente de diagnósticos de qualidade de dados. Por exemplo, com o Brewer, os testes padrão de lâmpadas podem ser efectuados diariamente, em vez de mensalmente. Além disso, os diagnósticos podem ser efectuados em condições de medição. A verificação da lâmpada de mercúrio Brewer das posições de medição de ozono pode ser efectuada à temperatura de observação, imediatamente antes ou depois das medições de ozono, se assim o desejar. Com o Dobson, a referência de mercúrio é usada apenas periodicamente, e uma tabela deve ser usada para compensar o erro *[Kerr et al.,* 1984].

A automatização é benéfica porque reduz o nível de competências e a mão de obra necessários para a operação, permite a recolha de mais dados, reduz os erros do operador e aumenta a utilização de diagnósticos de qualidade dos dados.

2.3.4 Deteção e localização por luz

O Light Detection and Ranging (LIDAR) é também uma técnica de medição do ozono que se baseia na absorção da luz laser pelo ozono. Trata-se de um processo de medição por laser em que as concentrações de várias substâncias na atmosfera podem ser medidas a grandes distâncias. Um telescópio é utilizado para recolher a luz UV que é dispersa por dois feixes de laser - um dos quais é absorvido pelo ozono (308 nm) e o outro não (351 nm). Comparando a intensidade da luz difundida por cada laser, é possível medir um perfil vertical da concentração de ozono na gama de altitudes de 10 km a 50 km.

2.4 Medições aéreas

As medições aéreas do ozono constituem um método direto (ou in situ) de determinação das concentrações de ozono na atmosfera. As medições aéreas do perfil vertical da concentração de ozono são muito precisas porque os instrumentos são colocados em contacto direto com a atmosfera, não sendo instrumentos de deteção remota. No entanto, as medições aerotransportadas não podem fornecer uma imagem global da distribuição do ozono devido à área local que cobrem *{Cracknell et al.,* 2012). Os tipos mais comuns de medições aerotransportadas são efectuados por balões, aviões e foguetões que transportam instrumentos para a atmosfera, resultando nos métodos mais precisos e detalhados de medição do ozono.

2.4.1 Balões

Os balões podem medir a alteração da concentração de ozono a uma altitude de 40 km e proporcionar vários dias de cobertura contínua. Para medir o ozono a partir de balões são utilizados vários dispositivos, como as células de concentração eletroquímica (ECC), a fotoespectroscopia, os sensores laser in situ, etc. Uma vez que podem ser transportados vários instrumentos de uma só vez, podem ser efectuadas medições simultâneas de muitos parâmetros.

2.4.2 Aeronaves

As medições a partir de aeronaves são as mais úteis para o estudo detalhado dos fenómenos de reação e transporte numa pequena área. No entanto, as medições efectuadas a partir de aeronaves são limitadas por razões de segurança do piloto, alcance e duração do voo, e não são contínuas. Com uma aeronave, as medições de fluxos e outras estatísticas de turbulência podem ser obtidas ao longo de grandes comprimentos médios a várias alturas acima do solo num tempo relativamente curto. No entanto, a velocidade da aeronave exige uma resposta ainda mais rápida dos instrumentos do que as medições em pontos fixos *(Lenschow et al.,* 1980).

2.4.3 Foguetes

Os foguetões também medem perfis verticais dos níveis de ozono desde o solo até uma altitude de 75 km, utilizando a fotoespectroscopia. Os espectros são registados instantaneamente a várias altitudes em filme, ou continuamente por sensores fotoeléctricos. As concentrações de ozono são calculadas a partir das intensidades de luz UV registadas. Os foguetões permitem a utilização em todas as condições meteorológicas, mas são limitados pela sua curta duração e pelo seu reduzido alcance geográfico.

2.5 Medições por satélite

Os satélites revolucionaram as ciências da Terra, incluindo o estudo dos gases vestigiais, em geral, e do ozono, em particular. As primeiras medições de ozono com satélites foram feitas a partir do solo, utilizando o satélite Echo I para refletir a radiação solar para um instrumento em terra. As primeiras observações por satélite foram efectuadas pelo Orbiting Geophysical Observatory (OGO), o Defense Meteorological Satellite Program (DMSP), o Atmospheric Explorer - 5 (AE-5) e o Nimbus 3, 4 e 6.

A medição do ozono por satélite teve início com o almoço do espetrómetro de mapeamento do ozono total (SBUV/TOMS) e do monitor infravermelho do limbo da estratosfera (LIMS) no Nimbus - 4 desde 1978. Estes instrumentos têm fornecido registos globais contínuos do ozono total. Os dados obtidos pelos instrumentos terrestres estão limitados às regiões terrestres. As observações por satélite forneceram uma visão global diária do ozono. Isto melhora a nossa compreensão da morfologia do ozono atmosférico, tanto em termos do seu perfil de altitude como da densidade total da coluna.

2.5.1 Espectrómetro de cartografia do ozono total (TOMS)

O Espectrómetro de Mapeamento do Ozono Total (TOMS) é um instrumento construído e operado pela Administração Nacional da Aeronáutica e do Espaço (NASA). O instrumento utiliza a radiância ultravioleta retrodifundida para inferir as medições do ozono total da coluna. Dos cinco instrumentos TOMS que foram construídos, quatro entraram em órbita com sucesso. O Nimbus-7 e o Meteor-3 forneceram medições diárias globais do ozono total da coluna e, em conjunto, fornecem um conjunto completo de dados sobre o ozono diário de novembro de 1978 a dezembro de 1994. O ADEOS TOMS (Advanced Earth Observing Satellite TOMS) foi lançado em 17 de agosto de 1996 e forneceu dados até 29 de junho de 1997. O Earth Probe TOMS foi lançado em 2 de julho de 1996.

Este instrumento desenvolvido pela NASA mede o ozono indiretamente através do mapeamento da luz ultravioleta emitida pelo Sol e da luz dispersa pela atmosfera da Terra que chega ao satélite. O instrumento TOMS cartografou em pormenor a distribuição global do ozono, bem como o "buraco de ozono" da Antárctida, que se forma de setembro a novembro de cada ano. O TOMS faz 35 medições a cada 8 segundos, cada uma cobrindo 50 a 200 quilómetros de largura no solo, ao longo de uma linha perpendicular ao movimento do satélite. Quase 200.000 medições diárias cobrem todos os pontos da Terra, exceto as zonas próximas de um dos pólos, onde o Sol permanece próximo ou abaixo do horizonte durante todo o período de 24 horas. A qualidade extremamente elevada dos dados de ozono do TOMS também ajudou os cientistas a detetar um pequeno mas constante dano a longo prazo na camada de ozono em várias partes do globo, incluindo a maioria das áreas densamente povoadas nas latitudes médias do norte. Para garantir que os dados sobre o ozono estarão disponíveis durante a próxima década, a NASA continuará o programa TOMS utilizando lançamentos americanos e estrangeiros.

O instrumento TOMS é um monocromador de fase única de grelha fixa, com uma roda de corte rotativa que permite dividir a luz recebida em 6 bandas de comprimento de onda com uma passagem de banda de um nanómetro. Estes comprimentos de onda *(WMO,* 1988) são: 312,3 nm, 317,4 nm, 331,1 nm, 339,7 nm, 360,0 nm e 380,0 nm.

O TOMS faz o varrimento na direção transversal em passos de 3 graus, de 51 graus de um lado do nadir a 51 graus do outro, para um total de 35 amostras. O campo de visão instantâneo (IFOV) de 3 graus x 3 graus resulta numa pegada que varia de um quadrado de 50 km x 50 km no nadir a um diamante de 125 km por 280 km nos extremos do varrimento. A largura total da faixa é de 3000 km, o que implica que as órbitas consecutivas se sobrepõem para criar um mapeamento contínuo de dados sobre o ozono. O TOMS efectua 35 medições de 8 em 8 segundos, cada uma cobrindo 30 a 125 milhas (50 a 200 quilómetros) de largura no solo, ao longo de uma linha perpendicular ao movimento do satélite. Quase 200.000 medições diárias cobrem todos os pontos da Terra, exceto as áreas próximas de um dos pólos, onde o Sol permanece próximo ou abaixo do horizonte durante todo o período de 24 horas.

Os rácios entre a radiação UV retrodifundida e a radiação incidente nos quatro comprimentos de onda mais curtos são utilizados para inferir o ozono total. Os rácios correspondentes nos dois comprimentos de onda mais longos (que não são sensíveis à absorção de ozono) são utilizados para estimar a refletividade efectiva devido à influência combinada da superfície terrestre, das nuvens e dos aerossóis.

Nimbus-7

O satélite Nimbus-7 foi o primeiro monitor global de poluentes naturais e artificiais na atmosfera da Terra e foi realizado com a nave espacial em cooperação com uma equipa de cerca de 50 cientistas internacionais. O objetivo do Nimbus-7 era determinar a caraterização física da atmosfera global, dos oceanos, da interface oceano-atmosfera e do equilíbrio térmico da Terra. Os dados da experiência deviam ser transmitidos imediatamente para a Terra. O peso total da nave espacial foi o maior de sempre para um satélite meteorológico, com uns impressionantes 2.176 libras. O satélite Nimbus-7 foi lançado a 24 de outubro de 1978. As medições válidas começaram em novembro desse mesmo ano e o instrumento continuou a fornecer dados muito depois de todas as outras experiências a bordo terem falhado. O software para obter informações úteis a partir dos dados devolvidos pelo TOMS Nimbus-7 é a base do algoritmo utilizado para analisar todos os dados do TOMS e passou por um longo processo de evolução até chegar à versão atual.

A missão Nimbus-7 foi a fonte mais significativa de dados experimentais da órbita da Terra relacionados com os processos atmosféricos e oceânicos. Incluiu oito experiências que forneceram uma grande quantidade de dados globais sobre o estado da atmosfera, neve e gelo, a interação entre os oceanos e a atmosfera, e sobre os recursos nos oceanos. Os dados são medições do conteúdo dos oceanos, do tipo e quantidade de radiação que interage com a atmosfera e a superfície da Terra, e do conteúdo da atmosfera. Os conjuntos de dados Nimbus-7 fornecem uma visão a longo prazo das variações no clima da Terra. Todos os dados foram validados e arquivados para utilização pelas comunidades científica e comercial.

O instrumento falhou em 7 de maio de 1993. A nave espacial Nimbus-7 foi desligada em 1995, após mais de 16 anos de serviço. Durante o seu longo período de funcionamento, a missão Nimbus-7 foi considerada a única fonte mais significativa de dados experimentais da órbita da Terra relacionados com os processos atmosféricos e oceânicos.

O Nimbus-7, o último da série de satélites Nimbus, observou a Terra numa gama mais vasta do espetro eletromagnético do que os seus antecessores. Além disso, forneceu conjuntos de dados sem precedentes sobre o tempo, o clima, a água e a superfície da Terra. A missão Nimbus-7 deu a oportunidade de realizar uma série de experiências nas disciplinas de poluição, oceanografia e meteorologia. Foi uma oportunidade para avaliar o funcionamento de cada instrumento no ambiente espacial e para recolher um conjunto considerável de dados com a cobertura global e sazonal necessária para apoiar cada experiência. Esta missão também alargou e aperfeiçoou as capacidades de sondagem e de medição da estrutura atmosférica demonstradas por experiências em observatórios Nimbus anteriores.

2.5.2 Instrumento de monitorização do ozono (OMI)

Um instrumento de monitorização do ozono (OMI) instalado no Aura forneceu dados diários desde outubro de 2004 até agora. O OMI é o sucessor do instrumento TOMS da NASA (nos satélites Nimbus-7, Meteor-3 e Earth Probe) e do instrumento GOME da ESA (no satélite ERS-2). O projeto OMI foi realizado sob a direção do NIVR e financiado pelos Ministérios dos Assuntos Económicos, dos Transportes e das Obras Públicas e pelo Ministério da Educação e da Ciência. O instrumento foi construído pela Dutch Space em cooperação com a Organização Neerlandesa para a Investigação Científica Aplicada, Ciência e Indústria e o Instituto Neerlandês de Investigação Espacial SORN. A indústria finlandesa forneceu os componentes electrónicos. A parte científica do projeto OMI é gerida pela KNMI (investigador principal Prof. Dr. P.F. Levelt), em estreita cooperação com a NASA e o Instituto Meteorológico Finlandês.

O OMI pode medir muitos componentes-chave da qualidade do ar, tais como NO2, SO2, BrO, OC1O e caraterísticas dos aerossóis. Pode também fornecer uma resolução no solo muito melhor do que o TOMS. Muitos investigadores validaram os resultados dos produtos de dados do conteúdo total de ozono (TOC) do OMI *(Kroon et al.,* 2008a; 2008b, *Tandon andAttri,* 2011; *Chen et al.,* 2013). Os dados do OMI também foram processados através do algoritmo TOMS. Estes instrumentos mediram a irradiância solar e a radiância retrodifundida da Terra em seis comprimentos de onda (312,5, 317,5, 331,2, 339,8, 360 e 380 nm) (http://ozoneaq .gsfc.nasa. gov/index.md). Os dados OMI TOC foram processados pelo algoritmo (V.8) desenvolvido pela equipa de processamento de ozono da NASA Goddard.

O OMI continua o registo TOMS para o ozono total e outros parâmetros atmosféricos relacionados com a química do ozono e o clima. As medições do OMI são altamente sinérgicas com os outros instrumentos da plataforma Aura. O OMI detecta cinzas vulcânicas e dióxido de enxofre produzidos em erupções vulcânicas com uma sensibilidade até pelo menos 100 vezes superior à do TOMS. Estas medições são importantes para a segurança dos aviões. O OMI mede perfis de ozono (no UV) complementares aos medidos pelo TES e HIRDLS (no IR) e MLS (nas micro-ondas).

A qualidade extremamente elevada dos dados sobre o ozono do TOMS e do OMI também ajudou os cientistas a detetar uma pequena, mas constante, diminuição a longo prazo da camada de ozono em várias partes do globo, incluindo a maioria das áreas densamente povoadas nas latitudes médias do norte. Esta descoberta levou à redução da produção de produtos químicos que empobrecem a camada de ozono através de um tratado internacional assinado em Montreal em 1988. Para garantir que os dados sobre o ozono estarão disponíveis durante a próxima década, a NASA continuará o programa OMI utilizando lançamentos americanos e estrangeiros. O Satélite Japonês de Observação Avançada da Terra (ADEOS) colocará em órbita um quarto TOMS. Complementará o instrumento Earth Probe, recolhendo dados numa órbita de 800 km, enquanto o Earth Probe efectuará medições numa órbita de 500 km. Os dois instrumentos que trabalham a altitudes diferentes melhorarão a recolha de dados, permitindo uma separação mais fiável entre o ozono estratosférico e o ozono troposférico. Melhorará também a deteção da poluição urbana e de outras caraterísticas de pequena escala e permitirá a comparação de dados sobre o ozono de atmosferas nubladas e claras. Um quinto instrumento TOMS foi montado num satélite russo Meteor-3M.

O TOMS faz parte da Missão ao Planeta Terra da NASA, um esforço de investigação coordenado e a longo prazo para estudar a Terra como um sistema ambiental global. Utilizando a perspetiva única disponível a partir do espaço, a NASA irá observar, monitorizar e avaliar os processos ambientais em grande escala, centrando-se nas alterações climáticas. Os dados de satélite do MTPE, complementados por dados aéreos e terrestres, permitirão aos seres humanos compreender melhor as alterações ambientais naturais e distinguir as alterações naturais das alterações induzidas pelo homem. Os dados do MTPE, que a NASA distribuirá a investigadores de todo o mundo, são essenciais para que os seres humanos tomem decisões informadas sobre o seu ambiente.

CAPÍTULO 3

Teor total de ozono em Katmandu, medido pelo espetrofotómetro Brewer

3.1 Introdução

Katmandu, a capital do Nepal, situa-se no vale e é a cidade metropolitana mais populosa (mais de seis milhões de habitantes) do Nepal. Assim, a variabilidade da radiação UVB e as alterações climáticas devidas à variabilidade do ozono atmosférico podem contribuir significativamente para muitos problemas de saúde humana. Assim, a investigação das variações espácio-temporais do TOC sobre Katmandu a partir de dados derivados de satélites pode melhorar a compreensão da distribuição espácio-temporal do ozono no Nepal. Embora haja um interesse crescente na monitorização do COT, as estações terrestres para medições automáticas do COT foram efectuadas apenas durante um período limitado. Um espetrofotómetro Brewer foi instalado em 2001-2003 em Kirtipur, Kathmandu e os resultados das medições de ozono foram relatados por *Chapagain* [2002 e 2014]. Da mesma forma, os dados registados utilizando medições de satélite sobre Katmandu foram analisados em estudos anteriores *(Bhattrai,* 2006; *Parajuli,* 2015). Neste livro, vamos apresentar a variabilidade temporal do conteúdo de ozono total sobre Katmandu usando medições terrestres disponíveis a partir do espetrofotómetro Brewer e também usando o conjunto de dados de longo prazo a partir de observações de satélite do Total Ozone Mapping Spectrometer (TOMS) e Ozone Monitoring Instrument (OMI). Os pormenores sobre estes instrumentos e técnicas de medição foram descritos no Capítulo II.

Este capítulo apresenta as variações das medições do ozono total atmosférico (ou conteúdo de ozono) sobre Katmandu (27.67°N, 83.29°E) usando um espetrofotómetro Brewer durante um período de um ano, de fevereiro de 2001 a fevereiro de 2002. Este é o primeiro instrumento instalado no Nepal para estudar sistematicamente o comportamento do conteúdo total de ozono e da radiação UV-B. As medições do conteúdo total de ozono foram feitas apenas durante o dia. Os dados obtidos a partir do espetrofotómetro Brewer durante o período de estudo foram analisados para estudar as variações diurnas, diárias e sazonais do teor de ozono total sobre Katmandu. Os dados de ozono Brewer também foram comparados com os dados de ozono obtidos em dias simultâneos de observações do Total Ozone Mapping Spectrometer (TOMS).

3.2 Medições de dados

Os dados utilizados neste estudo foram obtidos a partir das medições do ozono utilizando o espetrofotómetro Brewer instalado no Departamento Central de Física da Universidade de Tribhuvan, Kirtipur, Katmandu, Nepal, desde janeiro de 2000. O espetrofotómetro Brewer é um instrumento ótico concebido para medir as intensidades ao nível do solo da radiação solar UV atenuada em cinco comprimentos de onda específicos nos espectros de absorção do ozono e do dióxido de enxofre. Ao examinar a absorção diferencial de comprimentos de onda selecionados na parte UVB do espetro, determina-se o ozono total da coluna. O Brewer é ajustado automaticamente para a configuração de observação adequada e, em seguida, segue um programa de observação definido pelo utilizador e os dados são armazenados e analisados. Um prisma zenital de ângulo reto direciona a radiação recebida do sol, do céu ou das lâmpadas de teste para o eixo ótico do instrumento. Para ângulos zenitais na gama de 0° a 90°, o sol, ou o céu, é visto através de uma janela de quartzo inclinada. As variações na quantidade de ozono afectarão a radiância da radiação solar direta nestes comprimentos de onda *(Wayne,* 2000). Por isso, as radiações UVB e o ozono total numa coluna vertical de secções transversais unitárias são medidas sistematicamente com um espetrofotómetro Brewer. Os detalhes da técnica de medição e o princípio do espetrofotómetro Brewer foram discutidos na secção anterior 2.3.3.

Uma caraterística especial do instrumento Brewer é a sua capacidade de resolução temporal elevada. Em princípio, as medições do ozono total podem ser feitas em intervalos de tempo de 2 em 2 minutos *[Chapagain,* 2003]. Isto permite um estudo da variação a curto prazo do ozono total, especialmente o estudo da sua variação diurna. Os dados registados pelo instrumento Brewer são medições de ozono no sol direto (DS) e medições de ozono no céu zenital (ZS). As medições são efectuadas em unidades Dobson (DU). Os dados apresentados neste estudo são apenas para dias representativos selecionados a partir de várias observações, enquanto que para o estudo sazonal das variações diurnas do ozono total, utilizámos todos os dados do período de um ano para estimar o valor médio do ozono para as horas correspondentes em cada estação.

A fim de estudar a variabilidade diária e sazonal da coluna total de ozono sobre Katmandu, utilizamos o valor médio diário dos dados de ozono medidos pelo instrumento Brewer para o período de um ano. Os dados de ozono são calculados a partir de dados recolhidos simetricamente durante o dia. Para o estudo comparativo, os dados de ozono do TOMS também foram utilizados durante o mesmo período de medição dos dados de ozono do Brewer.

3. 3Variações diurnas do ozono total em Katmandu

Para estudar as variações diurnas do ozono total sobre Katmandu, foram utilizadas as medições de ozono Brewer do sol direto (DS) e do céu zenital (ZS). Comparámos estes dois dados para examinar a realiabilidade das medições. A Figura 3.1 mostra o gráfico dos dados de ozono do sol direto (DS) e do céu zenital (ZS) sobre Katmandu em relação ao Nepali Standard Time (NST) em horas no dia 21 de março de 2001. As barras verticais no gráfico mostram o erro nas medições do conteúdo total de ozono. O padrão de mudança do teor de ozono total exibe um comportamento semelhante nas medições de ozono do sol direto e do céu zenital. Os resultados mostram que a quantidade de ozono total medido pelo sol direto e pelo céu zenital em Katmandu aumenta desde as primeiras horas da manhã com o valor de cerca de 285 UD à medida que o dia avança e atinge o máximo de 295 UD por volta do meio-dia local. Em seguida, os valores totais de ozono diminuem gradualmente com o tempo no período da tarde e diminuem para um valor mínimo de cerca de 280 UD nas horas da noite.

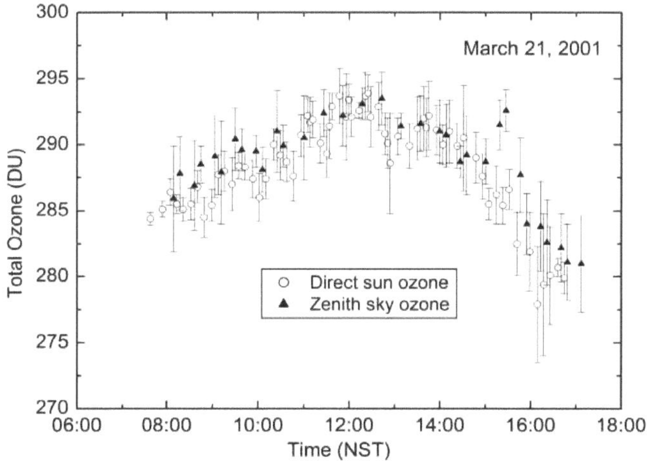

Figura 3.1: Variações diurnas do ozono total sobre Katmandu em 21 de março de 2001, medidas em observações diretas do ozono solar e do ozono zenital.

Para a comparação destes dois tipos de medições (DS e ZS), traçámos os dados de ozono do sol direto versus os dados de ozono do céu zenital em 21 de março de 2001, como mostrado na Figura 3.2.

O resultado mostra claramente que os dois conjuntos de dados estão significativamente correlacionados, como mostra o ajuste linear com o coeficiente de correlação de 0,90. Assim, para uma análise mais detalhada dos dados de ozono, as medições diretas do ozono solar são tomadas.

A Figura 3.3 mostra os dados do ozono total em função do Tempo Padrão Nepalês (NST) sobre Katmandu nos dias típicos de fevereiro de 2001 a fevereiro de 2002, selecionados de diferentes meses. No gráfico de 22 de fevereiro de 2001, os valores do ozono variam entre 255 DU e 280 DU, enquanto que em 30 de abril de 2001, a gama de variações do ozono varia entre 285 e 310 DU.

Da mesma forma, os gráficos de 23 de maio e 1 de junho de 2001, ilustram que o valor mínimo do ozono total é de 275 DU nas primeiras horas da manhã (-07:00) e nas primeiras horas da noite (-17:00 NST), enquanto o valor máximo exibe cerca de 300 DU perto da hora do meio-dia local.

A amplitude da variação diurna é de até 25 DU, com um valor médio de ozono total de 290 DU. Os resultados dos outros dias representados na Figura 3.3 também mostram valores máximos de ozono total perto do meio-dia (-11:00 - 13:00 NST) e mínimos claros de manhã por volta das -06:00 -07:00 NST e no início da noite depois das -15:00 NST durante o período de medição em dias sem nuvens. As amplitudes das variações diurnas são grandes em

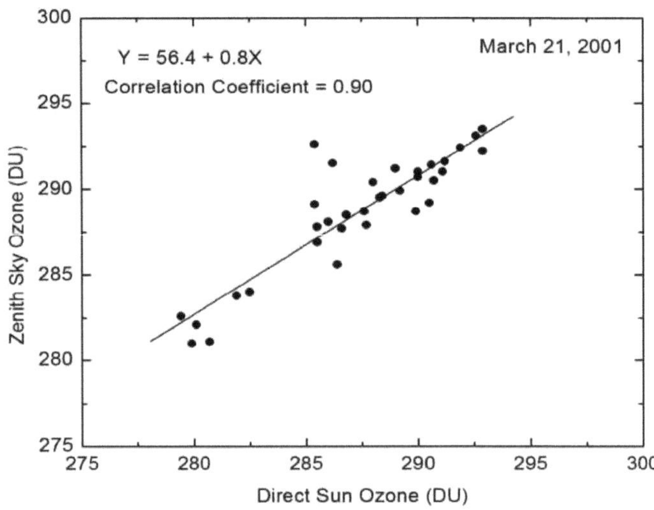

Figura 3.2: Comparação das medições diretas do ozono solar com as medições do céu zenital do ozono total sobre Katmandu em 21 de março de 2001.

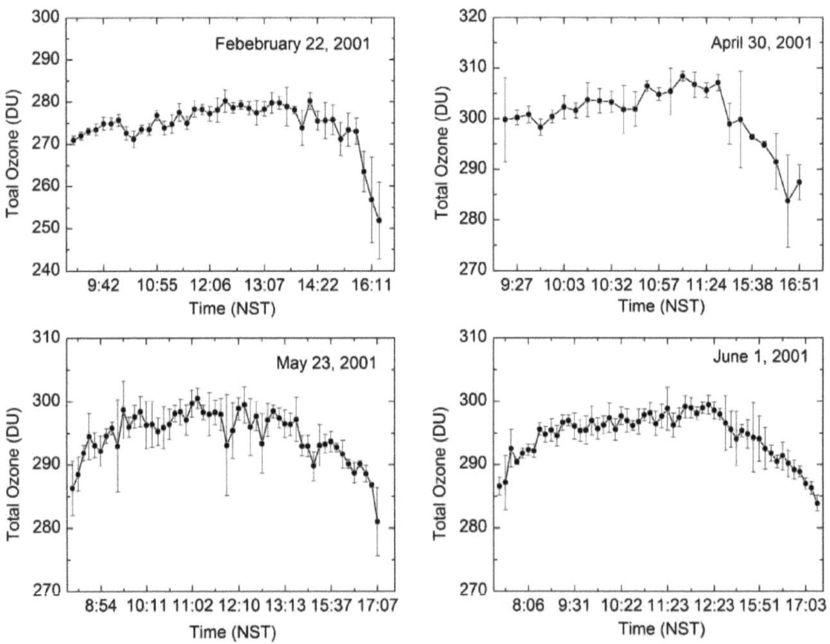

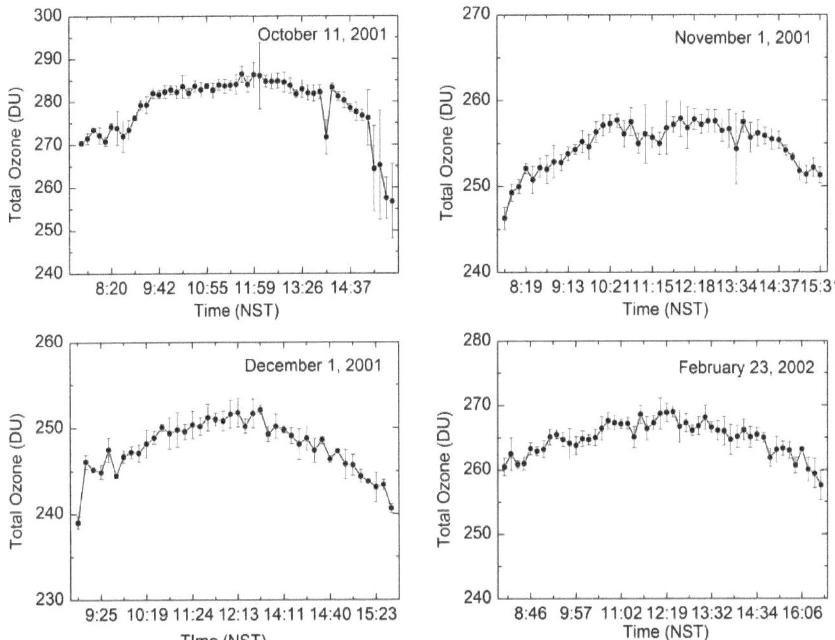

Figura 3.3: Variações diurnas do ozono total sobre Katmandu em 8 dias selecionados de diferentes meses. Os dados do ozono são medidos em unidades Dobson (DU) enquanto que o tempo é representado em Nepali Standard Time (NST). As barras verticais indicam os erros nas medições do ozono total.

30 de abril, 23 de maio e 11 de junho (i.e. até 25 DU), enquanto que estes valores são pequenos em 22 de fevereiro, 1 de novembro e 1 de dezembro de 2001 e 23 de fevereiro de 2002 (i.e. amplitude de cerca de 10 DU).

O estudo mostra que a variação diurna é significativamente grande nos dias da primavera e verão (por exemplo, abril, maio, junho) com valores médios mais elevados, enquanto os valores de ozono são baixos com pequenas flutuações nos dias de inverno (dezembro e fevereiro).

A amplitude da variação diurna é assimétrica. Os resultados apresentados neste estudo referem-se apenas às observações diurnas, uma vez que não dispomos de medições durante o período noturno.

A concentração de ozono aumenta durante o meio-dia, uma vez que as reacções fotoquímicas são significativamente mais elevadas devido ao aumento da intensidade do fluxo solar na atmosfera.

Como resultado, as taxas de produção de ozono são relativamente mais elevadas do que as taxas de destruição de ozono perto do meio-dia, causando uma elevada concentração de ozono atmosférico total.

Por outro lado, nas primeiras horas da manhã e à noite, a intensidade solar é fraca, resultando em reacções fotoquímicas lentas para a produção de ozono e, consequentemente, a concentração de ozono torna-se mínima.

3.4 Variações diurnas médias do ozono total

Para a análise detalhada das variações diurnas do ozono total em diferentes estações, estimámos os valores médios do ozono total para as horas correspondentes dos dias de quatro estações: primavera (março, abril e maio), verão (junho, julho e agosto), outono (setembro, outubro e novembro) e inverno (dezembro, janeiro e fevereiro).

A Figura 3.4 mostra a comparação das variações diurnas do ozono total nestas quatro estações. A variação do ozono total médio na primavera é de 275 a 300 DU com amplitude até 25 DU. Da mesma forma, as variações do ozono total médio são ~270 a 290 DU no verão, ~250 a 270 DU no outono e ~248 a 263 DU no inverno, respetivamente.

Os valores de ozono são máximos por volta do meio-dia e à direita da tarde e mínimos de manhã cedo e à noite, como ilustrado na Figura 3.4. Os resultados mostram que a amplitude das variações diurnas médias é grande na primavera (com uma amplitude de ~25 DU) e pequena no inverno (com uma amplitude de ~15 DU). A amplitude da variação diurna média é de cerca de 5-10% em termos de percentagem da média.

Os valores de pico em torno do meio-dia não apresentam uma caraterística semelhante em todos os dias. As variações observadas de pico a pico estão muito para além dos erros de medição e são consideradas genuínas. As outras caraterísticas notáveis nos dados são o valor base do ozono total que também muda de dia para dia e de estação para estação.

Os valores de ozono são maiores na primavera e mais baixos no inverno, como ilustrado na Figura 3.4. Assim, os estudos das variações diárias e sazonais do conteúdo total de ozono tornam-se dignos de nota.

A variação diurna do ozono total na atmosfera está bem estabelecida apenas a altitudes superiores a 40 km, tanto por cálculos baseados em modelos fotoquímicos como por observações *(Herman,* 1979; *Lean,* 1982).

Isto mostra que as concentrações diurnas de ozono são menores do que os valores noturnos a estas altitudes. As alterações variam de valores de poucos por cento na gama de 40 - 45 km a várias dezenas de por cento acima de 50 km.

No intervalo de altitude de 30 - 40 km, as alterações são inferiores a 1%. As medições actuais do ozono total mostram que o valor do ozono total aumenta durante o meio-dia.

O aumento observado de 5 a 10% no ozono total por volta do meio-dia é um efeito muito maior, uma vez que quase 90% do ozono total está contido na região

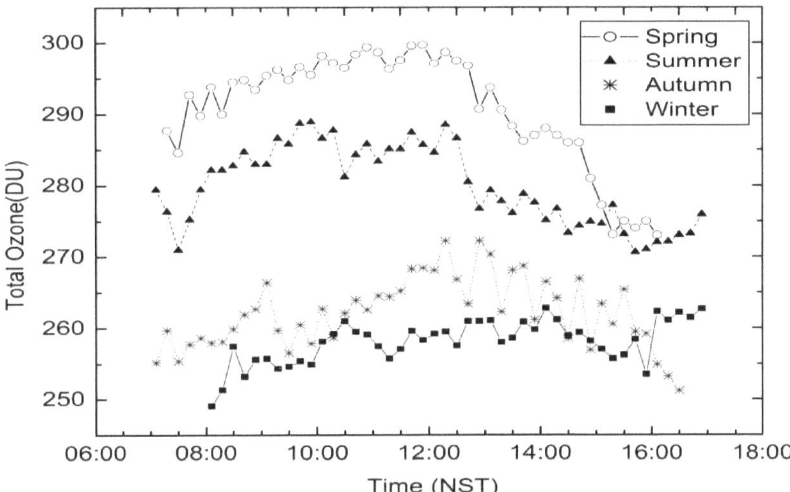

Figura 3.4: Variações diurnas do ozono total médio em Katmandu durante a primavera, o verão, o outono e o inverno, estimadas para o período de um ano compreendido entre fevereiro de 2001 e fevereiro de 2002.

abaixo dos 40 km. A altitudes mais baixas, os tempos de vida fotoquímicos, que são grandes, tornam-se meses e anos, e não se esperam alterações a curto prazo, exceto na baixa troposfera, onde o tempo de vida do ozono diminui novamente com a diminuição da altitude.

Os modelos fotoquímicos troposféricos atualmente disponíveis *(por exemplo, Logan et al.,* 1985) mostram que as reacções fotoquímicas que envolvem CH_4; CO e hidrocarbonetos não-metânicos podem resultar numa produção ou destruição líquida de ozono, dependendo de os níveis ambientais de NO_X serem altos ou baixos. O óxido nítrico e os compostos voláteis são produtos comuns das actividades humanas e são libertados em grandes quantidades, basicamente pelos motores dos veículos e pelas indústrias.

Em condições meteorológicas adequadas (com quase nenhuma troca vertical e pouca ventilação), estes poluentes tendem a acumular-se na camada limite. Sob o aumento da luz solar, sofrem transformações fotoquímicas.

Em caso de céu nublado, a produção de ozono não é tão elevada como em caso de céu limpo. Os hidrocarbonetos não-metânicos emitidos pelos automóveis actuam como catalisadores na produção de ozono.

A concentração crítica de NO_X , que também actua como catalisador, é de cerca de 10 pptv (partes por trilião em volume) para uma concentração típica de ozono de 30 ppbv (partes por bilião em volume) *(Subbaraya et al.,* 1994; *Solarsky,* 1992). Abaixo desta concentração, a destruição e a produção de ozono ocorrem quando a concentração é superior ao valor crítico.

Os precursores do ozono (NOx, hidrocarbonetos) começam a acumular-se durante as horas de ponta da manhã, enquanto a abundância de ozono atinge o seu máximo no início da tarde.

A maioria das medições perto da superfície na maior parte das áreas urbanas poluídas mostram geralmente um máximo de ozono à superfície ao meio-dia *(Lal e Subbaraya,* 2000; *Zou,* 1996). Apenas este efeito não pode contribuir para o aumento observado do ozono total ao meio-dia.

Dado que o ozono troposférico representa cerca de 10% do ozono total e o ozono estratosférico representa quase 90% do ozono total à superfície, a combinação da química da troposfera inferior com ar com elevado teor de NO_X e da química da estratosfera superior com a mesosfera pode resultar num aumento líquido do ozono por volta do meio-dia.

No entanto, não existem dados observacionais sobre os níveis de NO_X no ar à superfície e na troposfera sobre Katmandu.

O aumento observado no ozono total sobre Katmandu perto do meio-dia indica que durante o período de medições, o controlo fotoquímico do ozono estendeu-se bem abaixo dos 40 km e as alterações fotoquímicas induzidas durante o dia e a noite são muito mais pronunciadas do que as previsões do modelo.

Alternativamente, pode ser devido a uma combinação de alterações estratosféricas e quase troposféricas, sendo esta última caracterizada por ar poluído (alto teor de NO_X).

3.5 Variabilidade diária e sazonal do ozono total sobre Katmandu

As variações do conteúdo total de ozono associadas às radiações solares com base diária e sazonal foram observadas usando dados de Brewer. As médias diárias do ozono total sobre Katmandu foram representadas nas Figuras 3.5 a 3.8 para quatro estações diferentes. As barras de erro verticais no gráfico indicam os desvios padrão da média diária de ozono.

A Figura 3.5 mostra as médias diárias do ozono de Brewer na primavera (março - maio, 2001). No gráfico, o eixo X representa os dias (mês/dia) do ano, enquanto o eixo Y representa o total de medições de ozono na Unidade Dobson (DU). Os dados são medições do sol direto (DS) e do céu zenital (ZS).

A lacuna no gráfico mostra que os dados estão em falta devido a um funcionamento incorreto dos instrumentos ou devido a más condições meteorológicas (céu nublado ou dias de chuva).

O resultado mostra claramente que há uma variação diária significativa do ozono total sobre Katmandu. O valor do ozono é mínimo (~270 DU) no início de março e aumenta até 327 DU em meados de março e início de maio. Não temos muitos dados disponíveis durante o mês de abril. A amplitude de oscilação dos dados de ozono é assimétrica e torna-se grande na primeira semana de março e maio.

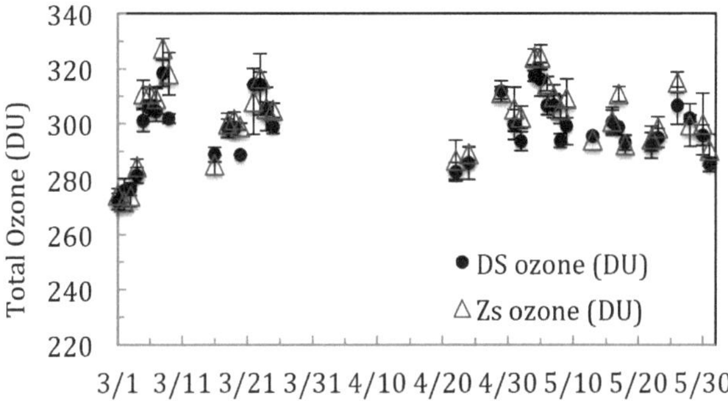

Figura 3.5: Variações diárias do valor médio do ozono total em Katmandu durante a primavera (março-maio).

Da mesma forma, as Figuras 3.6, 3.7 e 3.8 são os gráficos das médias diárias dos dados de ozono total no verão (junho-agosto), outono (setembro-novembro) e inverno (dezembro-fevereiro), respetivamente.

A Figura 3.6 mostra que o valor do ozono é grande (até 300 DU) na primeira semana de junho e depois diminui ligeiramente durante julho e agosto. No entanto, os valores do ozono permanecem quase iguais durante julho e agosto (-270-290 DU).

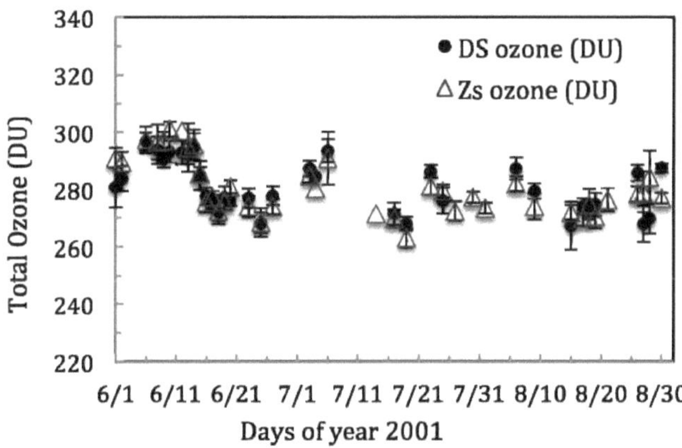

Figura 3.6: Variações diárias dos valores médios do ozono total em Katmandu durante o verão (junho-agosto).

Da mesma forma, a Figura 3.7 mostra as variações diárias do ozono total sobre Katmandu durante o outono, que mostra o valor máximo até 290 DU e, em particular, a elevada concentração de ozono durante setembro e outubro, que diminui no final de outubro.

Durante esta estação, o valor do ozono torna-se mínimo em novembro (230 DU). Além disso, os dados sobre o ozono apresentados durante o inverno (como se pode ver na Figura 3.8) mostram que o baixo valor do conteúdo total de ozono se situa entre -

213-275 DU, com os valores mais baixos do conteúdo total de ozono em dezembro e janeiro.

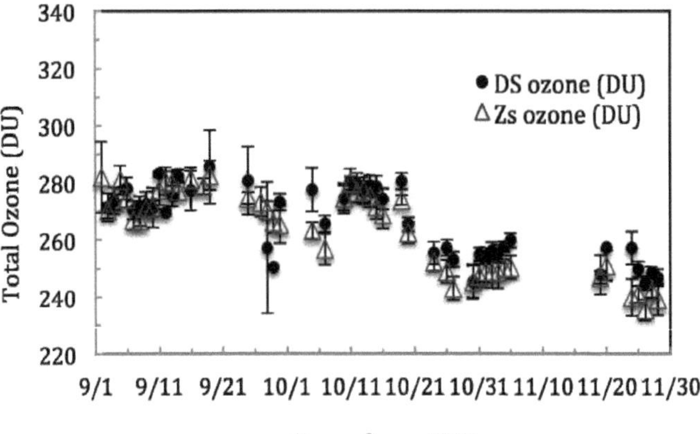

Figura 3.7: Variações diárias dos valores médios do ozono total em Katmandu durante o outono (setembro-novembro).

Para resumir o período de um ano de medições, todos os dados do teor médio diário de ozono total de fevereiro de 2001 a fevereiro de 2002 estão representados na Figura 3.9.

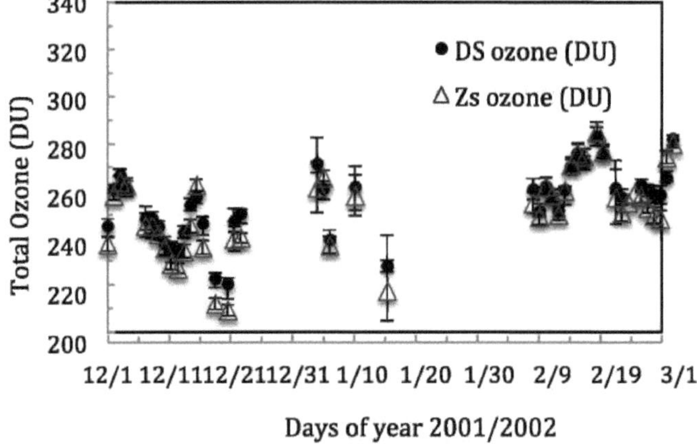

Figura 3.8: Variações diárias dos valores médios do ozono total em Katmandu durante o inverno (dezembro-fevereiro).

O gráfico ilustra as variações sazonais do ozono total sobre Katmandu de fevereiro de 2001 a fevereiro de 2002. A figura ilustra a tendência esperada das variações do ozono total. As medições de ozono são baixas no início de fevereiro e aumentam acentuadamente em março, atingindo o máximo na primavera. Depois, o valor do ozono diminui gradualmente no final do verão e no outono, tornando-se mínimo no inverno.

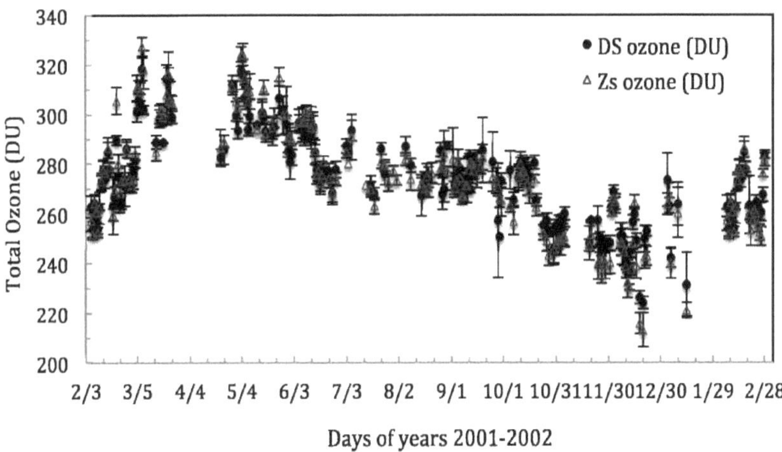

Figura 3.9: Valores médios diários do ozono total medidos em Katmandu entre fevereiro de 2001 e fevereiro de 2002 com o espetrofotómetro Brewer.

O valor mais elevado de ozono total registado pelo espetrofotómetro Brewer é de 327 DU em 8 de março e o valor mais baixo é de 213 DU em 20 de dezembro. Pode inferir-se da figura que o ozono total sobre Katmandu diminui mais rapidamente em novembro, dezembro e janeiro do que nos outros meses.

Os valores dos mínimos e máximos estão de acordo com as expectativas para os níveis de ozono atmosférico total na mudança de estação. As anomalias esperadas na monção não apareceram nas medições. A partir dos gráficos, é evidente que o nível de ozono diminui principalmente após a primeira semana de maio. Nas figuras, os saltos acentuados no início de março e no final de abril indicam como o nível total de ozono na primavera subiu.

No início da monção, em meados de junho, o valor total do ozono aumenta ligeiramente. O padrão da variação do ozono é semelhante em ambos os lados do pico. O ozono total médio de todo o período é de 273 UD, o que é bastante superior ao valor crítico de ozono atmosférico necessário para filtrar a radiação UV, que se considera ser de 220 UD. No entanto, o ozono total sobre Katmandu em alguns dias foi registado abaixo do valor crítico. Isto ilustra claramente a importância de medições consistentes e do estudo do ozono atmosférico nesta região.

3.6 Comparação das medições de ozono do TOMS com as medições de ozono do Brewer sobre Katmandu

Foram feitas comparações entre a média diária das concentrações totais de ozono medidas em Katmandu pelo espetrofotómetro Brewer e as concentrações totais de ozono dos dados do TOMS para o período de um ano, de fevereiro de 2001 a fevereiro de 2002. Existem correlações significativas entre as medições de ozono do TOMS e as medições de ozono do Brewer, como mostra o gráfico de dispersão na Figura 3.10. A figura mostra claramente que as variações das medições do ozono total pelo instrumento Brewer são exatamente semelhantes às variações dos dados de ozono do TOMS. Ambas as medições mostram que os valores de ozono total são menores nos dias de inverno, por exemplo, nos dias de dezembro, janeiro e fevereiro, e grandes valores durante os dias dos meses de abril, maio e junho. Os valores máximos e mínimos do conteúdo total de ozono encontram-se quase nos mesmos dias.

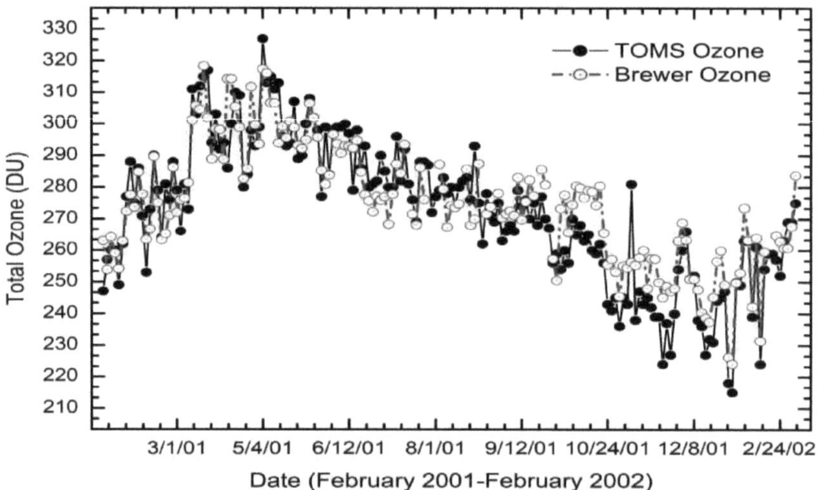

Figura 3.10: Medições diárias do ozono total sobre Katmandu a partir do espetrofotómetro Brewer e das observações do satélite TOMS para o período de um ano entre fevereiro de 2001 e fevereiro de 2002.

A Figura 3.11 mostra o ozono Brewer versus o ozono TOMS para uma comparação mais aprofundada dos dois tipos de medições. A linha sólida indica a linha de melhor ajuste para os dados de ozono Brewer versus os dados de ozono TOMS. O coeficiente de correlação entre os dois conjuntos de dados de ozono é de 0,92, mostrando uma correlação muito boa entre as duas medições. Isto ilustra que grandes valores dos dados de ozono de Brewer estão associados a grandes valores dos dados de ozono do TOMS.

Assim, os resultados mostram que as observações TOMS e as medições Brewer do conteúdo total de ozono sobre Katmandu estão muito correlacionadas. Um estudo semelhante foi relatado em estudos anteriores na Nova Zelândia (45°S) durante 1990 e mostrou que o gradiente da linha de regressão é 0,9 e as diferenças da linha de regressão para o ozono TOMS e Brewer é superior a 30 DU (menos de 10 %) *(McKenzie et al.,* 1991).

Estas diferenças podem ser devidas à presença de alguns valores atípicos que podem afetar a análise de regressão. São esperadas algumas diferenças entre o ozono de Brewer e do TOMS devido a diferenças no tempo das observações. Se os valores atípicos forem ignorados, a linha de regressão aproxima-se muito mais da unidade e o desvio tende para zero. Pode haver um viés de tempo justo nesta intercomparação, porque as medições Brewer estão em falta em alguns dias do ano e excluíram dias de chuva e alguns outros dias devido a problemas técnicos do instrumento, enquanto os dados TOMS estavam disponíveis regularmente.

Os resultados também dão uma ideia da fiabilidade das medições do ozono. Os dados de satélite são recolhidos uma vez por dia, enquanto os dados de Brewer são calculados a partir de dados recolhidos simetricamente durante o dia. Assim, Brewer fornece dados de ozono durante todos os dias claros, enquanto que o satélite passa sobre um local depois de muitos dias. É por isso que para as variações a curto prazo do ozono total, o estudo com as medições do instrumento Brewer é muito melhor.

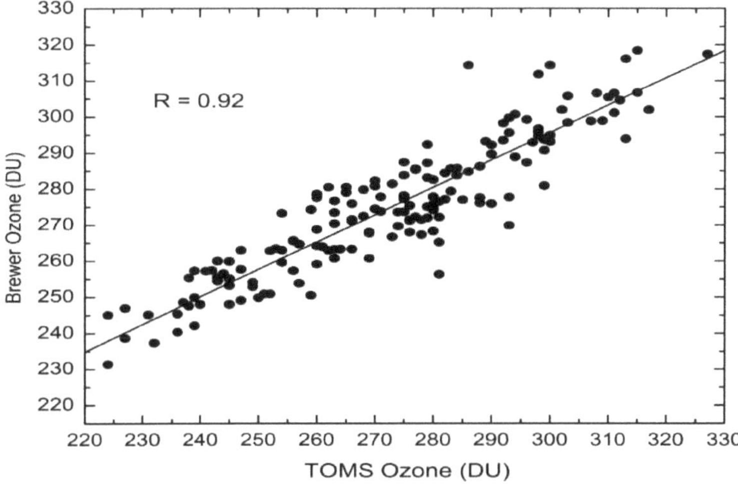

Figura 3.11: Comparação do ozono total medido pelo espetrofotómetro Brewer e as observações TOMS.

3. 7Média mensal do teor total de ozono

Os valores médios mensais do ozono total Brewer medido a partir de medições diretas do sol e do céu zenital e do ozono total TOMS sobre Katmandu para o período de fevereiro de 2001 a fevereiro de 2002 foram calculados como indicado na Tabela 3.1. Da mesma forma, a Figura 3.12 ilustra as variações dos valores médios mensais do ozono total do TOMS e dos dados de ozono total de Brewer sobre Katmandu para o período de fevereiro de 2001 a fevereiro de 2002.

O valor mínimo da média mensal do ozono total TOMS é 243 DU e 244 DU em novembro e dezembro, respetivamente, enquanto o valor máximo do ozono é 299 DU em maio de 2001. A amplitude das variações do ozono TOMS é de 56 DU em unidades absolutas e de 22% em termos de percentagem da média. O valor mínimo da média mensal do ozono total de Brewer é 244 DU em dezembro de 2001 e o valor máximo é

302 DU em maio de 2001. A amplitude de variação do ozono total é de 58 UD em unidades absolutas e 21% em termos de percentagem da média. A média de todo o período é de 271 DU para o ozono TOMS e 274 DU para o ozono Brewer. Os resultados mostram que as variações do ozono total TOMS e do ozono total Brewer são simétricas. Assim, a partir da Figura 3.12, que ilustra as tendências mensais, pode ver-se que o ozono total sobre Katmandu diminui mais rapidamente em novembro, dezembro e janeiro do que nos outros meses.

Tabela 3.1: Valores médios mensais de ozono total medidos pelo espetrofotómetro Brewer entre fevereiro de 2001 e fevereiro de 2002 em Katmandu e dados de ozono total obtidos a partir de observações TOMS.

Months	TOMS Monthly Averages (DU)	Brewer DS ozone (DU)	Brewer ZS ozone (DU)	Brewer Averages ozone (DU)
February	270.5	270.8	273.2	272.0
March	295.1	296.1	299.3	297.7
April	293.7	294.0	294.5	294.2
May	299.0	299.4	305.1	302.3
June	287.8	283.3	285.3	284.3
July	285.6	281.0	276.5	278.7
August	279.6	277.7	276.0	276.9
September	267.4	273.2	275.0	274.1
October	254.3	268.2	263.2	265.7
November	243.0	252.2	245.4	248.8
December	243.8	247.3	241.1	244.2
January	246.9	254.8	248.8	251.8
February	254.6	265.7	262.5	264.1

A variação mensal ou sazonal do ozono total sobre Katmandu é semelhante à de outros estudos *(por exemplo, Zvyagintsev,* 2010; *Bazhenov,* 2012). Por exemplo, a variação sazonal do ozono total sobre o Tibete *(Zou,* 1996) varia entre 273 DU e 315 DU, com um mínimo em outubro e um máximo em março. Da mesma forma, o ozono total sobre Thumba, na Índia, é mínimo no inverno (dezembro-janeiro) e máximo na primavera *(*abril-maio) *(Subbaraya e Lal,* 1999). Na região tropical, o valor do ozono total é maior no verão e menor no inverno.

As baixas concentrações de ozono sobre Katmandu, particularmente durante o inverno, seriam causadas por processos químicos dinâmicos de destruição relacionados com a baixa temperatura e reacções fotoquímicas menos activas devido à radiação solar menos intensa. É necessária mais investigação para delinear as contribuições relativas dos *processos* dinâmicos, químicos e catalíticos que causam a diminuição do ozono. É importante determinar como as nuvens e outros factores climáticos afectam as medições do ozono.

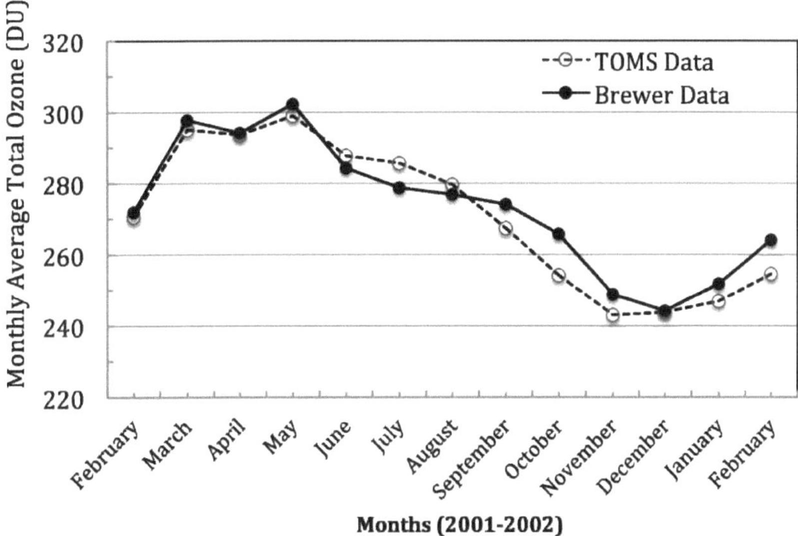

Figura 3.12: Médias mensais do ozono total sobre Katmandu medidas pelo espetrofotómetro Brewer e pelas observações do satélite TOMS entre fevereiro de 2001 e fevereiro de 2002.

3.8 Resumo

As medições do ozono total sobre Katmandu utilizando o espetrofotómetro Brewer durante o período diurno de fevereiro de 2001 a fevereiro de 2002 mostram que os valores do ozono total aumentam por volta do meio-dia e apresentam valores mínimos nas primeiras horas da manhã e da noite. O aumento observado no ozono total perto do meio-dia em ~5-10% do valor médio indica que o controlo fotoquímico do ozono se estende bem abaixo dos 40 km e as alterações fotoquímicas induzidas durante o dia e a noite são muito mais pronunciadas.

O resultado também revela uma significativa variação diária do teor de ozono total sobre Katmandu. A variação do ozono total é também função das estações, condições meteorológicas, nuvens e ângulo zenital solar. Os resultados mostram que as variações sazonais do ozono atmosférico são significativas, com máximos na primavera (até 327 DU) e mínimos (até 213 DU) no inverno. O estudo comparativo do ozono TOMS com as medições de ozono Brewer mostra uma boa correlação entre as duas medições, ilustrando a realibilidade das medições de ozono total por satélite para o estudo a longo prazo do ozono total. Da mesma forma, o valor mínimo da média mensal do ozono total é 243 DU e 244 DU em novembro e dezembro, respetivamente, enquanto que o valor máximo do ozono é 299 DU em maio de 2001. Isto implica que os valores de ozono em dias de sol ou sem nuvens são elevados, uma vez que a reação fotoquímica é predominante na formação do ozono. Enquanto que os valores totais de ozono são baixos em dias com menor intensidade solar ou dias nublados. As perturbações do ozono baixo são mais fortes no verão do que no inverno. O estudo diurno e anual do nível de ozono também forneceria uma visão mais profunda das mudanças no ozono que ocorrem nesta região. O estudo da variação sazonal dos níveis de ozono pode ser apoiado pela utilização de medições de longo prazo no solo e por satélite. Como trabalho de investigação futuro, recomenda-se o estudo climatológico das variações do ozono no Nepal, utilizando dados de longo prazo de medições terrestres e espaciais.

CAPÍTULO 4

Conteúdo total de ozono sobre Katmandu a partir de medições TOMS

4.1 Introdução

Neste trabalho, utilizámos os dados de satélite do conteúdo total de ozono (TOC) para 10 anos, de 1 de janeiro de 1979 a 31 de dezembro de 1988, com um total de 3653 dias de observações.

Os dados foram recolhidos a partir da página oficial da NASA (https://ozoneaq.gsfc.nasa.gov/ tools/ozonemap) obtidos a partir do Total Ozone Mapping Spectrometer (TOMS) a bordo do satélite Nimbus-7 da NASA.

Os detalhes das técnicas de medição do satélite TOMS foram discutidos na secção anterior 2.5.1.

Para este estudo, escolhemos os dados de ozono do Vale de Kathmandu (27.70°N, 85.33°E) e obtemos os dados diários e calculamos os valores médios mensais, sazonais e anuais do ozono total.

4.2 . Teor diário total de ozono em Katmandu

A figura 4.1 mostra o gráfico da média diária do conteúdo total de ozono (TOC) sobre Katmandu durante 10 anos, de 1 de janeiro de 1979 a 31 de dezembro de 1988. Os gráficos dispersos representam o ozono diário sobre o vale de Kathmandu.

A linha grossa no gráfico indica a média móvel de 10 dias do ozono total da coluna.

A figura mostra que o padrão de variação do TOC é simétrico, com um aumento em cada semestre do ano, atingindo o pico e, em seguida, diminuindo alternadamente para o outro semestre e tornando-se mínimo.

O resultado ilustra que os valores de ozono total são grandes durante o período de verão, enquanto que os valores de ozono total tornam-se mínimos no inverno.

Durante todo o período de estudo, a maior concentração de ozono é encontrada em 11 de fevereiro de 1979 com o valor de 352 DU e a menor concentração de ozono é encontrada em 18 de janeiro de 1980 com o valor de 243 DU.

O TOC médio calculado durante todo o período de estudo de 10 anos no vale de Katmandu é de 277 DU.

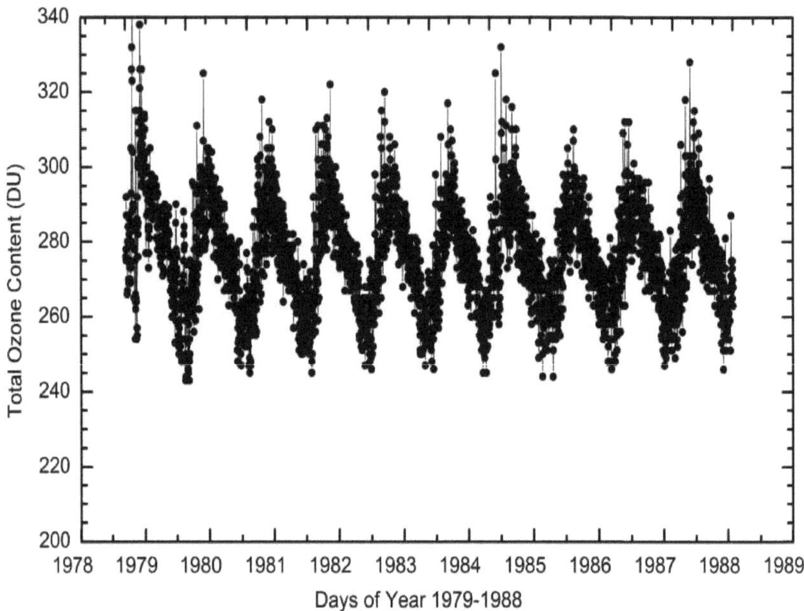

Figura 4.1: Série temporal do COT diário sobre o vale de Katmandu para o período de 1 de janeiro de 1979 a 31 de dezembro de 1988. A linha grossa no gráfico indica a média móvel de 10 dias.

4.3Conteúdo médio mensal de ozono total em Katmandu

A média mensal do COT para cada ano é obtida a partir das observações do TOMS. A Figura 4.2 mostra o gráfico do COT médio mensal para cada ano de 1979 a 1988.

Este gráfico mostra que os valores de COT são mais elevados no mês de abril de 1979 e os mais baixos no mês de novembro de 1984.

Os resultados também ilustram que durante o mês de maio, os valores de TOC são maiores em comparação com os outros meses de 1980 a 1988, enquanto que os valores de TOC são mais baixos durante o mês de novembro.

Os resultados mostram que os valores médios mensais de ozono são geralmente maiores no ano de 1979 em comparação com outros anos.

O valor médio do ozono total para cada mês, a partir dos dados de TOC para o período 1979-1988, foi estimado e representado na Figura 4.3.

As linhas verticais no gráfico mostram os desvios padrão do TOC médio. Pode observar-se na figura que o valor do ozono aumenta a partir do mês de janeiro, com o valor médio de 263 DU, até ao valor máximo em maio, 293 DU, com uma variação percentual de 11,4%. A partir de

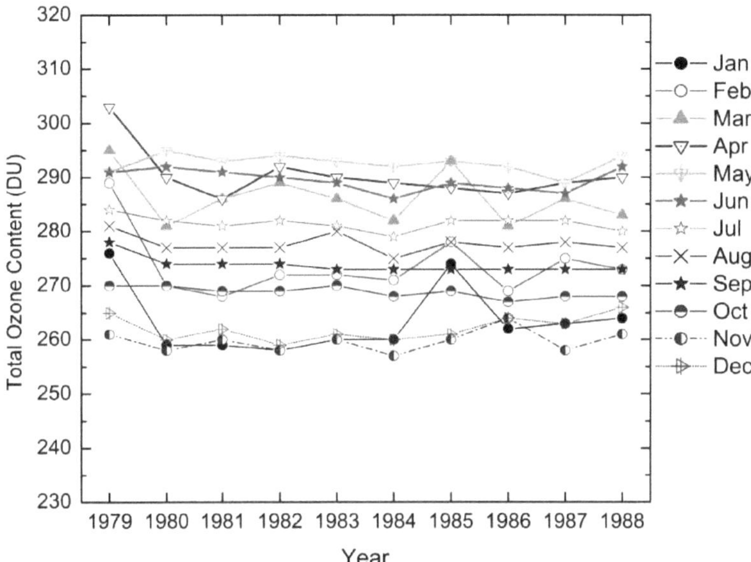

Figura 4.2: TOC médio mensal sobre Katmandu para cada ano durante 1979-1988.

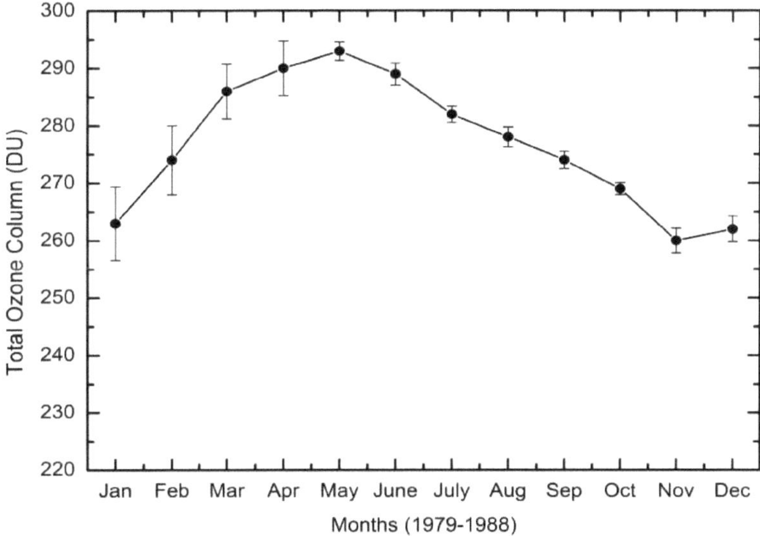

Figure 4.3: Média mensal do COT sobre Katmandu de 1979-1988. Aqui as barras verticais são os desvios padrão dos valores médios.

De maio a novembro, o valor do ozono diminui cerca de 12%. Há um ligeiro aumento no valor de TOC em dezembro. Durante o período de estudo, o valor de TOC é significativamente maior no mês de maio, enquanto as baixas concentrações de ozono são observadas em novembro. A maior concentração de ozono durante o mês de maio foi registada no ano de 1982 com o valor de 322 DU e a menor concentração de ozono em maio foi registada com o valor de 273 DU em 1979. O valor mínimo da média mensal de TOC é de 260 DU em novembro e o valor máximo é de 293 DU em maio. A amplitude das variações do COT médio mensal é de 33 UD em unidade absoluta e de 12,7% em termos de percentagem da média. Assim, a partir das Figuras 4.2 e 4.3, que ilustram as tendências mensais de variações, pode-se ver que o ozono total sobre Katmandu diminui durante novembro, dezembro e janeiro, enquanto que as altas concentrações de ozono foram registadas durante os meses de abril a julho, com o valor médio máximo em maio.

Para comparar a tendência das variações em cada mês, o coeficiente mensal de variação relativa (CRV) é obtido através da seguinte equação:

$$CRV_{i,a} = 100\frac{TOC_{i,a}^{max} - TOC_{i,a}^{min}}{TOC_{i,a}^{mean}}$$

em que $TOC_{i,a}^{max}$, $TOC_{i,a}^{min}$ e $TOC_{i,a}^{mean}$ representam o COT diário máximo, mínimo e médio.

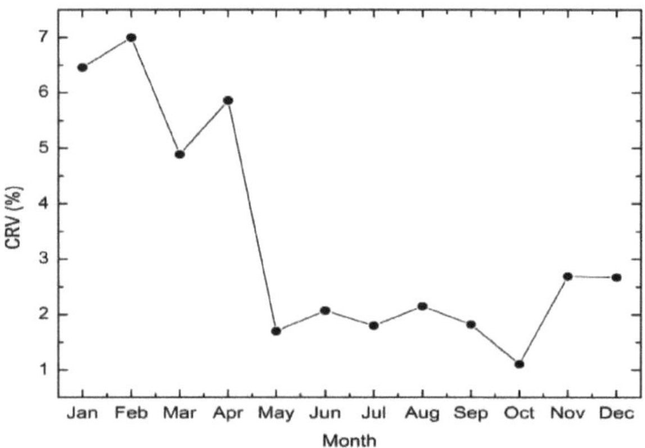

Figura 4.4: O coeficiente de variação relativa do COT médio mensal.

O erro padrão foi calculado através do cálculo do desvio padrão do VCR de doze meses e da sua divisão pela raiz quadrada de 12. O valor médio do CRV é de (3,35 ± 0,6)% (valor médio ± erro padrão). O CRV apresenta um ciclo anual notável, com um valor máximo em fevereiro e um valor mínimo em outubro, como se pode ver na Figura 4.4. Isto ilustra que as variações mensais do COT são maiores no mês de fevereiro, enquanto que essas variações são menores no mês de outubro, o que também é ilustrado no gráfico da Figura 4.2.

4.4 Variações sazonais de TOC sobre Katmandu

Foram estudadas as variações sazonais de TOC sobre Katmandu a partir de um conjunto de dados de longo prazo durante 1979 a 1988. Agrupámos os dados para diferentes estações, como o solstício de verão ou de junho (maio, junho, julho e agosto), o solstício de inverno ou de dezembro (novembro, dezembro, janeiro e fevereiro) e o Equinócio (março, abril, setembro e outubro). Os dados calculados para as diferentes estações são representados na Figura 4.5. As barras verticais mostram o erro nas medições do ozono total. A partir do gráfico, observamos que o TOC é mais elevado na estação do verão (solstício de junho) ao longo de todos os anos e valores moderados na estação da primavera (equinócio) e mais baixos na estação do inverno (solstício de dezembro). Isto deve-se ao facto de, durante o solstício de junho (estação do verão), a intensidade do fluxo solar ser significativamente mais elevada do que a magnitude da

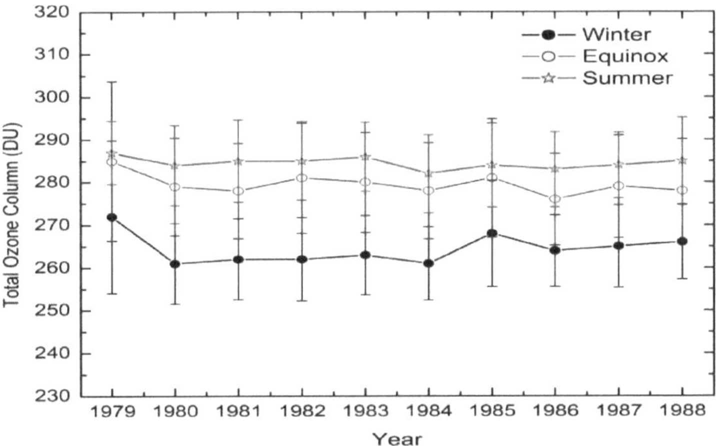

Figura 4.5: Variações sazonais do COT sobre o Vale de Katmandu de 1979-1988. Aqui as barras verticais indicam os desvios padrão dos valores médios.

durante as outras estações. O TOC no solstício de junho é 1,8% mais elevado do que no equinócio e 7,5% mais elevado do que no solstício de dezembro. A concentração média de ozono no solstício de junho é de 285 DU, no equinócio é de 280 DU e no solstício de dezembro é de 265 DU. O valor de TOC não varia muito dentro da estação, como mostra a curva suave para cada estação.

4.5 Média anual de COT sobre Katmandu

Os valores médios anuais de TOC sobre Katmandu foram calculados e representados na Figura 4.6. A figura mostra que o valor médio do COT durante o período de 10 anos permanece praticamente o mesmo, como mostra a linha suave. Aqui, as pequenas variações anuais mostram que o valor do COT diminui ligeiramente de 1979 a 1981 em 2,1% e depois mostra um ligeiro aumento no ano de 1982. Em seguida, o valor do COT mantém-se quase constante em 1983. Além disso, o COT registou uma ligeira diminuição de 1,8% em 1984 e, em seguida, um ligeiro aumento em 1985. Durante o período de estudo, o COT foi máximo em 1979 (281 UD) e mínimo em 1984 (274 UD), com uma diferença de apenas 2,5%. Os resultados revelam

claramente que o total de

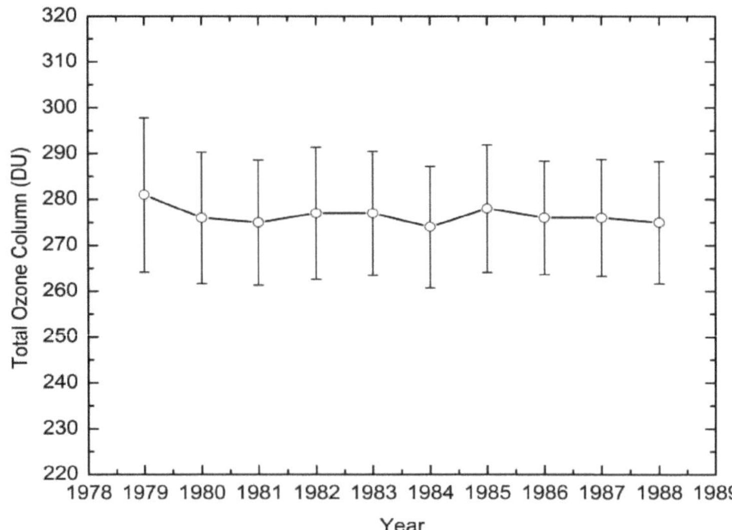

Figura 4.6: TOC médio anual sobre Katmandu de 1979-1988. Aqui as barras verticais são os desvios padrão dos valores médios.

O conteúdo de ozono sobre Katmandu não flutua muito durante estes anos (1979-1988), o que é a prova de que o conteúdo de ozono sobre Katmandu não está a ser esgotado durante estes anos.

4.6 Resumo

Este capítulo apresenta as tendências do conteúdo total de ozono (TOC) sobre o Vale de Kathmandu durante 10 anos, no período de 1979-1988, a partir dos dados de ozono derivados do Total Ozone Mapping Spectrometer (TOMS). As tendências das variações diárias, mensais, sazonais e anuais do TOC sobre Katmandu foram analisadas.

O resultado exemplifica que durante o período de estudo, a concentração de ozono é máxima em 11 de fevereiro de 1979 com um valor de 352 DU e a menor concentração de ozono é observada em 18 de janeiro de 1980 com o valor de 243 DU. Do mesmo modo, o valor mínimo do COT médio mensal é de 260 DU em novembro e o máximo de 293 DU em maio.

A amplitude das variações do COT médio mensal é de 12,7% em termos de percentagem da média. Além disso, os resultados também mostram que o COT é altamente dependente da estação, com valores maiores no verão do que no equinócio e no inverno. O COT no verão é, em média, 7,5% mais elevado do que no inverno e 1,8% mais elevado do que no equinócio. O COT no equinócio é superior ao do inverno em 5,7%, em média. O valor médio anual do COT é ligeiramente variável, com um máximo em 1979 (281 UD) e um mínimo em 1984 (274 UD), com uma diferença de apenas 2,5%. O valor médio do TOC durante todo o período de estudo é de 277 UD, o que indica uma boa quantidade de ozono estratosférico sobre Katmandu, que é muito superior ao valor crítico do teor total de ozono abaixo do qual as radiações UV nocivas podem penetrar na superfície da Terra.

CAPÍTULO 5

Teor total de ozono em Katmandu a partir de medições do OMI

5.1 Introdução

Os dados do OMI foram extraídos sobre Katmandu (27,7°N e 83,3°E) de 1 de outubro de 2004 a 15 de abril de 2016, num total de 4213 dias, do sítio Web oficial da NASA (https://ozoneaq.gsfc.nasa.gov/tools/ozonemap).

As técnicas de instrumentação e de medição para as observações do satélite OMI foram discutidas em pormenor na secção anterior 2.5.2.

Por vezes, o satélite mede os dados nulos, que denotam os dados em falta; que não puderam ser recolhidos devido à falta de luz solar ou a outros problemas. Nestes casos, foi calculada a média entre os dados vizinhos e estes dados médios são considerados como dados para este dia em particular.

As médias mensais, sazonais e anuais de TOC foram calculadas a partir do grande conjunto de dados da coluna diária de ozono total.

5.2 Variações diárias do teor total de ozono em Katmandu

Os valores médios diários de TOC sobre Katmandu de outubro de 2004 a abril de 2016 foram obtidos a partir de medições do OMI e os dados estão representados na Figura 5.1.

O gráfico disperso representa o ozono diário sobre Katmandu. O resultado mostra que o padrão de variação do TOC é simétrico, com um aumento do TOC em cada metade do ano e uma diminuição alternada na metade seguinte do ano.

Os valores mínimos e máximos do COT de cada ano, de 2005 a 2015, estão tabelados na Tabela 5.1.

Os resultados mostram que os valores de TOC são baixos nos dias de inverno, principalmente em dezembro e janeiro, com alguns casos excepcionais em fevereiro de 2009 e novembro de 2011.

Da mesma forma, os valores máximos de ozono são encontrados principalmente em março, abril e maio. Na tabela, os dados de 2004 e 2016 não estão incluídos, uma vez que não dispomos de dados de todo o ano durante esses anos.

Durante todo o período de estudo, o valor mais alto de TOC é de 344 UD em 18 de março de 2010 e o valor mais baixo de TOC é de 219 UD em alguns dias, em 3, 4 e 17 de dezembro de 2005 e 20 de dezembro de 2008. O teor médio de ozono total

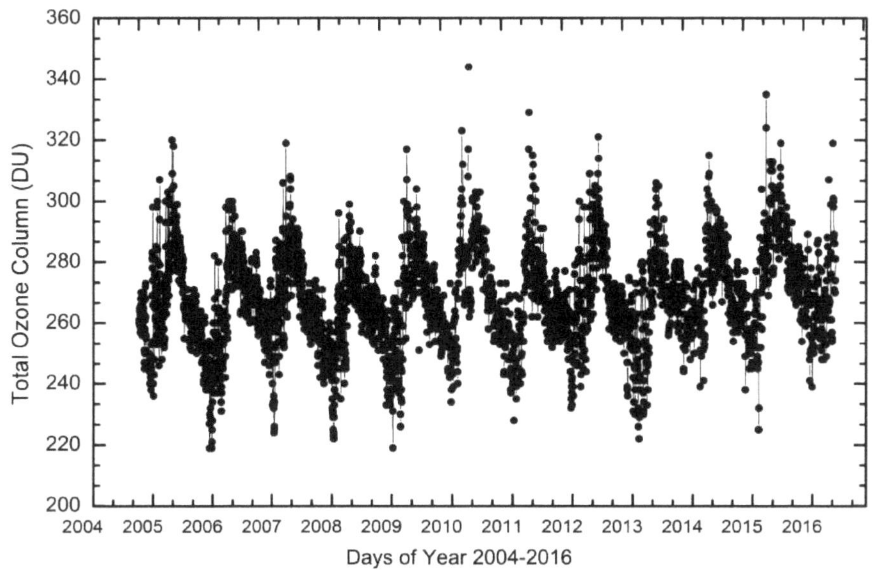

Figura 5.1: Variações diárias da coluna de ozono total sobre Katmandu de outubro de 2004 a abril de 2016.

Tabela 5.1: Valores mínimos e máximos do teor de ozono total sobre Katmandu em cada ano do período de estudo.

Year	Minimum TOC		Maximum TOC	
	Days	Value (DU)	Days	Value (DU)
2005	Dec. 3, 4 &17	219	Apr. 20	320
2006	Dec 31	236	Mar. 30	300
2007	Jan. 3	224	Mar 16	319
2008	Dec 21	219	Mar 24	299
2009	Feb. 5	226	Mar.12	317
2010	Dec. 30	235	Mar. 18	344
2011	Nov. 25	232	Apr. 6	315
2012	Dec. 16	230	May 6	321
2013	Jan. 10	222	Apr. 20	306
2014	Jan. 14	239	Mar. 7	315
2015	Jan. 1 & 2	225	Feb. 12	335

calculado durante todo o período de estudo sobre Katmandu é de 268 DU. Os dados de TOC de todo o período de estudo revelam que o valor de TOC sobre Katmandu está acima do valor crítico do ozono total, que é suposto ser de cerca de 210 DU a 220 DU.

5.3 Média mensal do teor total de ozono em Katmandu

As médias mensais do conteúdo total de ozono sobre Katmandu para cada ano são obtidas a partir de observações de satélite OMI para o período de 2004-2016 e são plotadas como mostrado na Figura 5.2.

Os resultados mostram que o valor do TOC é mais alto (-297 DU) nos meses de abril e maio de 2015, que cai para um valor baixo de -237 DU nos meses de novembro e dezembro de 2005.

Os resultados também ilustram que o COT médio é maior durante os meses de abril e maio e os valores mínimos nos meses de novembro e dezembro quase durante todo o ano.

Os resultados também mostram que durante os meses de 2015, os valores de TOC são maiores em comparação com outros anos. Isso implica que a concentração de ozono sobre Katmandu é maior no presente ano de 2015, o que é bom

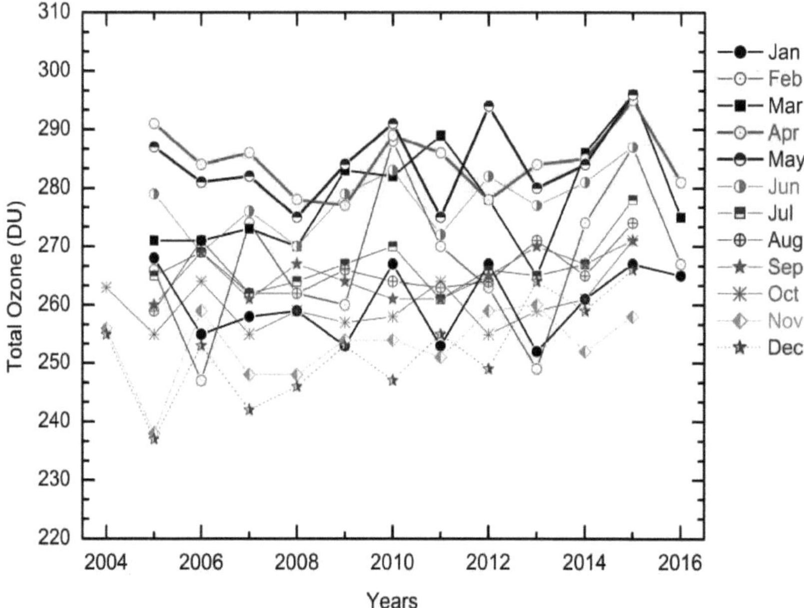

Figura 5.2: Média mensal da coluna de ozono total para cada ano em Katmandu, utilizando dados de longo prazo de outubro de 2004 a abril de 2016.

indicação da recuperação do ozono. No entanto, nos gráficos, os valores de ozono em quase todos os meses de 2016, parecem menores porque os dados de ozono são calculados durante os meses de janeiro-abril, em que a maioria dos dados foram obtidos no inverno.

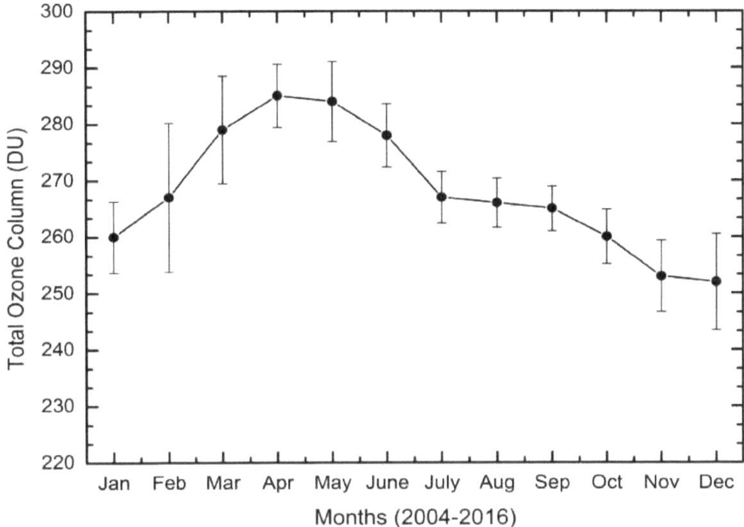

Figura 5.3: Variações mensais do teor médio de ozono total em Katmandu utilizando dados de longo prazo de outubro de 2004 a abril de 2016.

Neste caso, foram calculadas as médias mensais do COT de todo o conjunto de dados para um período de 13 anos e o seu gráfico é apresentado na Figura 5.3. As barras verticais no gráfico representam os desvios padrão da média do COT. Os resultados indicam que o valor do COT aumenta de janeiro (COT médio de 260 UD) para abril (COT médio de 285 UD) em 9,6%. Por outro lado, o valor médio do COT diminui 11,9% de abril a dezembro.

O valor máximo do COT médio é de 285 DU em abril, enquanto o valor médio mínimo do COT é de 251 DU em novembro e dezembro. Ao longo do período de estudo, no mês de abril, o valor máximo do COT é de 295 UD em 2015 e o valor mínimo é de 277 UD em 2009.

A amplitude das variações do COT médio mensal é de 34 UD em unidade absoluta e de 13,5 % em termos de percentagem da média. Assim, o resultado ilustra que a tendência das variações mensais do ozono é significativamente elevada, em que os valores do TOC são mais elevados nos meses de março, abril, maio e junho e o TOC é mais baixo em janeiro, novembro e dezembro.

As variações mensais do ozono total sobre Katmandu são semelhantes aos resultados relatados por outros estudos *(Ganguly e Tzanis,* 2011; *Chen et al.,* 2013). Por exemplo, a variação mensal do ozono total sobre o Tibete tem um máximo em março e maio e um mínimo em outubro e novembro.

A fim de examinar a variação do COT de mês para mês, o coeficiente de variação relativa (CRV) foi estimado utilizando uma relação (Chen et al., 2013), conforme discutido no Capítulo IV, e os valores de CRV estimados. As suas incertezas (os erros padrão) foram calculadas. O valor médio do CRV é de 7,64±1,18 % (valor médio ± erro padrão), variando entre 3,47±0,00 % e 15,36±2,16 %. O CRV apresenta um ciclo anual notável com valores máximos em fevereiro e mínimos em setembro e outubro, como se pode ver na Figura 5.4.

A variação do nível de ozono é também afetada pelas condições meteorológicas, tais como a velocidade e direção do vento, a radiação solar e a temperatura exterior. O nível de ozono aumenta geralmente com o aumento da radiação solar e da temperatura exterior.

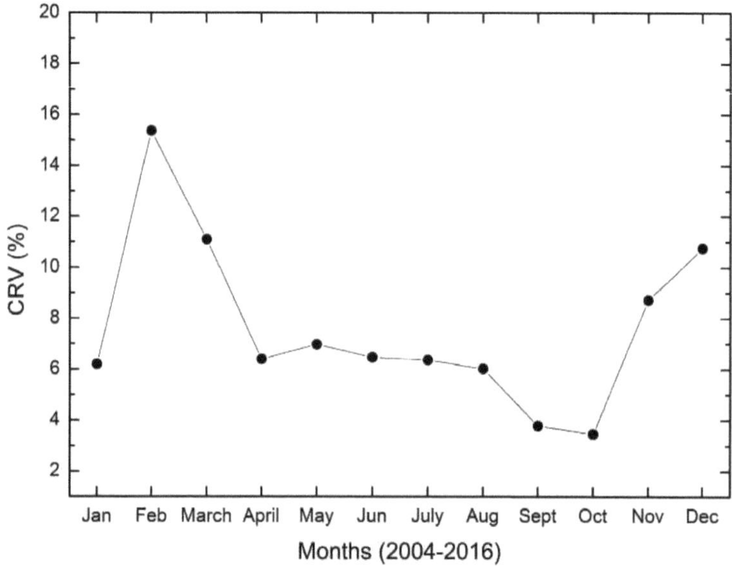

Figura 5.4: Coeficiente de variação do teor mensal de ozono total sobre Katmandu.

5.4 Variações sazonais do teor total de ozono em Katmandu

Todos os dados foram classificados em três estações: verão (maio, junho, julho e agosto), Equinócio (março, abril, setembro e outubro) e inverno (janeiro, fevereiro, novembro e dezembro). Os valores médios de COT para cada estação foram calculados para cada ano e estão representados na Figura 5.5. O gráfico mostra que o padrão de variações do COT é semelhante em todas as estações. No entanto, as magnitudes dos valores do COT são diferentes consoante a estação. O TOC no verão é mais elevado do que no inverno até 8,5%.

A concentração média de ozono é de 257 DU no inverno, 274 DU no verão e 267 DU no equinócio. O TOC de inverno é mais pequeno em comparação com as outras estações em todos os anos de medição. Da mesma forma, o COT médio é maior no verão, enquanto que no equinócio, o COT tem valores moderados em comparação com as outras duas estações.

No que diz respeito à variabilidade sazonal, é encontrada uma assinatura sazonal distinta no COT, que é semelhante à variação do COT sobre Katmandu a partir de dados de ozono obtidos a partir de TOMs durante o período de 1979-1988, tal como referido no Capítulo IV. Assim, a variabilidade sazonal

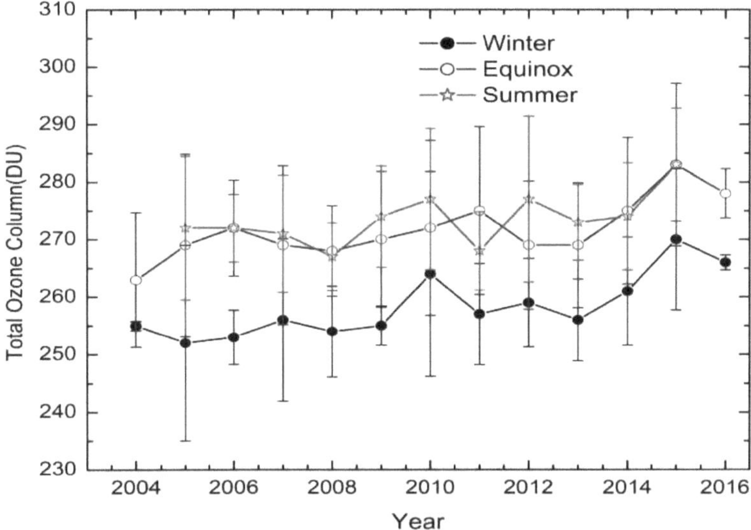

Figura 5.5: Variabilidade sazonal da coluna de ozono total sobre Katmandu de 2004 a 2016.

As variações nas medições do ozono total sobre Katmandu estão de acordo com as medições feitas por outros estudos, como no Tibete *(Chen et al.,* 2013). Na região tropical, o valor total do ozono é maior no verão e menor no inverno *(Anton et al.,* 2011).

Esta variação deve-se ao facto de, durante o verão, a intensidade do fluxo solar global ser mais forte e menor no inverno. Este ciclo sazonal é também afetado pela radiação solar e por factores fotoquímicos *(Fioletov e Shepherd,* 2005).

As variações diárias também demonstraram um ciclo sazonal significativo, com um máximo em maio e um mínimo em janeiro ou dezembro. Este facto está relacionado com os padrões meteorológicos troposféricos, incluindo a temperatura da troposfera livre, a temperatura da estratosfera inferior, a altura geopotencial, a altura da tropopausa e a vorticidade potencial da estratosfera inferior.

5.5 Variações anuais do teor total de ozono em Katmandu

As médias anuais de TOC sobre o vale de Kathmandu de 2004 a 2016 foram mostradas na Figura 5.6. A figura mostra que o valor médio do ozono aumentou ligeiramente de 2004 para 2005 em 2,7%, enquanto que em 2006 se manteve praticamente igual. O

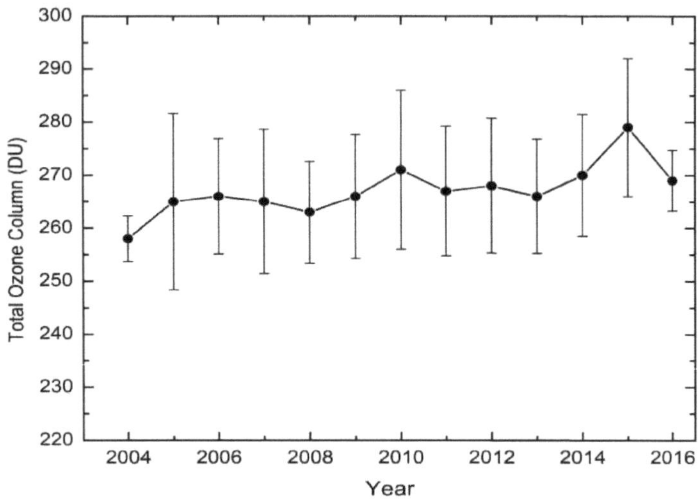

Figura 5.6. Variação anual do ozono total em Katmandu de outubro de 2004 a abril de 2005.

O valor do COT diminui ligeiramente em 2007 e 2008 e volta a aumentar lentamente em 2009 e 2010. O aumento do ozono é de 1,8% em 2010 em relação a 2009. O valor total do ozono diminui gradualmente em 1,4% de 2010 a 2011, tornando-se mais baixo em 2013. Mais uma vez, o valor do ozono aumenta ligeiramente a partir de 2014 e torna-se máximo (280 DU) em 2015. O valor de TOC aumentou 5,5% em 2015 em comparação com o valor de 2014. Aqui, os valores médios de ozono em 2016 e 2004 parecem ser mínimos, uma vez que o valor médio no gráfico é considerado apenas para outubro a dezembro em 2004 e janeiro a abril de 2016, que não representam valores médios anuais reais para todos os anos. Quando comparamos os valores de ozono de 2005 a 2015, verificamos que o valor médio de TOC sobre Katmandu aumentou em 2015, ilustrando o bom sinal de recuperação do ozono nos últimos anos.

5.6 Resumo

Neste estudo, a análise estatística é realizada para examinar a tendência na variabilidade da coluna de ozono total sobre Katmandu usando dados de longo prazo de outubro de 2004 a abril de 2016 extraídos do Instrumento de Monitorização do Ozono (OMI). Os resultados mostram a variabilidade diária, mensal, sazonal e anual do TOC sobre Katmandu. A variabilidade diária demonstrou um ciclo sazonal significativo, com um aumento do TOC em metade do ano e máximos em março, abril ou maio e uma diminuição no semestre seguinte com valores mínimos principalmente em janeiro, novembro e dezembro.

Durante o período de estudo, o TOC mínimo é de 219 DU em dezembro de 2004 e 2008 e o TOC máximo em 18 de março de 2010, com um valor de 344 DU. O COT médio calculado durante todo o período de estudo sobre Katmandu é de 268 UD. A tendência do TOC mostra um padrão sazonal distinto, com um máximo no verão e um mínimo no inverno, especificamente um valor elevado em abril ou maio e um valor mais baixo em dezembro e janeiro, o que se deve à maior intensidade do fluxo solar global no verão do que no inverno. As variações anuais de TOC mostram também um aumento notável dos valores de TOC no período de 2004 a 2015, ilustrando a recuperação significativa do ozono atmosférico sobre Katmandu.

Os estudos de longo prazo do TOC sobre Katmandu, utilizando um conjunto de dados combinados das observações dos satélites TOMS e OMI, mostram um padrão semelhante de variabilidade diária, mensal e sazonal. O interesse de um estudo futuro será o estudo comparativo dos dados de ozono baseados em satélites sobre o Nepal com as medições de ozono baseadas em terra.

Referências

Andrews, D. G. (2000), An Introduction to Atmospheric Physics, *Cambridge University Press.*

Anton, M., D. Bortoli, M. J. Costa, P. S. Kulkarni, A.F. Domingues, D. Barriopedro, A. Serrano, A.M. Silva (2011), Variabilidades temporais e espaciais da coluna de ozono total sobre Portugal. *Remote Sens. Environ,* 115: 855-863.

Banks, P. M. e G. Kockerts (1973). Aeronomy, *Part A, Academic Press New York London.*

Basher, R. E. (1982), Review of the Dobson spectrophotometer and its accuracy, *WMO Ozone Rep. 13, World Meteorol. Org., Genebra.*

Bazhenov O. E. (2012), Long -term Trends of Variations in Total Ozone Content According to Data of Ground -Based (Tomsk: 56.48°N, 85.05°E) and satellite Measurements, *Atmospheric and Oceanic Optics, Vol. 25, No.2,* pp.142-146.

Bhattarai, B. K. (2006). Total column ozone over Kathmandu Using OMI Satellite *Journal of the Institute of Engineering,* 8(1): pp.287-283.

Biswas, A.K. (1979), Atmospheric Ozone Environmental Science and Applications, 4 pp.75-137.

Bortoli D., A. M. Silva, G. Giovanelli, (2007), Ground Based and Satellite measurements of the stratospheric Nitrogen dioxide and ozone over the south of Portugal, Proc. *Envisat Symposium 2007',* Montreux, Suíça 23-27.

Brasseur, G. e S. Solomon (1986), Aeronomy of the Middle Atmosphere, *D. Reidel Publishing Company.*

Brasseur, G., J. J. Orlando, e G. S. Tyndall (1999), Atmospheric Chemistry and Global Change, *Oxford University Press.*

Brewer, A. W. e J. B. Kerr (1973), Total ozone measurements in cloudy weather, *Pure Appl. Geophys,* 106-8, 928-937.

Chapagain, N.P. (2001), Total Ozone Measurements Over Kathmandu Using Brewer Spectrophotometer, Relatório de Projeto. PLR, Ahmedabad

Chapagain, N.P. (2003), Total Ozone Measurements Over Kathmandu Using Brewer Spectrophotometer, *Tese, Mestrado em Tecnologia,* Andhra University, *Visakhapatnam,* Índia.

Chapagain, N. P. (2016a). Variabilidade do ozono atmosférico sobre Katmandu usando medições baseadas no solo, *BIBECHANA 10 (2016): 8-17:* RCST p.9.

Chapagain, N. P. (2016b). Investigando a variabilidade temporal da coluna de ozono total sobre Katmandu usando observações de satélite OMI, submetido ao JIST, (agosto de 2016).

Variabilidade do ozono atmosférico sobre Katmandu utilizando medições terrestres, *BIBECHANA 10 (2016): 8-17:* RCST p.9.

Chen, Z.; B. Yu, Y. Huang, Y. Hu, H. Lin, J. Wu (2013), Validação da coluna total de ozono derivada do OMPS utilizando medições de espectrorradiómetro em terra. *Sensores Remotos. Lett.,* 4: 937-945.

Cracknell, A. P., e C. Varostos (2012), Remote Sensing and Atmospheric Ozone: Human Activities versus Natural *Variability, Springer-Praxis Books in Environmental Sciences.*
Crutzen, P. e J. Fishman (1978), *The bulletin interviews WMO bulletin, 47, no.2.*
Dobson G. M. B. (1968), *APPLIED OPTICS Vol. 7, No. 3, pps. 387-* 405.
Dobson, G.M.; D. Harrison, J. Lawrence (1929), Measurements of the amount of ozone in the Earth's atmosphere and its relation to other geophysical conditions. Parte III. *Proc. R.Soc. Land. Ser. A, 122,* 456-486.
Dutsch, H.U. (1979), Vertical Ozone Distribution and Tropospheric Ozone, Proceedings of the NATO Advanced Study Institute on Atmospheric Ozone, pp. 7.
Fioletov, V.E.; T.G. Shepherd (2005), Summertime total ozone variations over middle and polar latitudes. *Geophys. Res. Lett. 32:* L04807.
Ganguly, N.D. e C. Tzanis (2011), Estudo de eventos de troca de ozono entre a estratosfera e a troposfera na Índia e na Grécia utilizando ascensões de ozonas. *Meteorol. Appl.,* **18:** 467-474.
Hamai, S., (2011), Análise da medição do ozono total por Brewer e Total Ozone Mapping Spectrometer sobre o vale de Kathmandu e em diferentes locais do Nepal, *M.Sc. Tese, Departamento Central de Física,* T.U. Kathmandu, Nepal.
Houghton, J.T. (1996), Climate Change 1995: The Science of Climate Change: Contribution of Working Group I to the Second Assessment Report of the Intergovernmental Panel on Climate Change; *Cambridge University Press: Cambridge, Reino Unido,* Volume 2.
Jung, C.E. (1962), Global Ozone Budget And Exchange Between Stratosphere and Troposphere, *TelluxXIV, 4,pp. 336-337.*
Kerr, J.B. e C. T. MCElory (1980), Measurements of Ozone with the Brewer Ozone Spectrophotometer, *Proceedings of the Quadrennial International Ozone Symposium. Editado por Julius London,* **1,** 4.
Kerr, J. B. e C. T. MCElory (1984), The Automated Brewer Spectrophotometer, Atmospheric Ozone Proceedings of Quadrennial Ozone Symposium, Grécia, International Ozone Commission, pp. 396.
Kerr, J. B., W.F.J Evans, e LA. Asbridge (1984), Recalibration *of Dobson Field* Spectrophotometers With a Traveling Brewer Spectrophotometer, Atmospheric Ozone Proceedings of Quadrennial Ozone Symposium, Greece, International Ozone Commission pp. 381.
Kroon, M.; I. Petropavlovskikh, R. Shetter, S. Hall, K. Ullmann, J. Veefkind, R. McPeters, E. Browell, P. Levelt (2008a), Validação da coluna de ozono total do Omi com observações CAFS do Aura-AVE. *J. Geophys. Res: Atmos. 113,* D15S13.
Kroon, M., J.P. Veefkind, M. Sneep, R.D. McPeters, P.K. Bhartia, P.F. Levelt (2008b), Comparação dos dados da coluna de ozono total do OMI-TOMS e do OMI-DO AS. *J. Geophys. Res.-Atmos,* 7/5, D16S28.
Lal, S. e B. H. Subbaraya (2000), Ozone Measurements at Ahmedabad, *Atmospheric Environment, 34, p. 2713 - 2724.*
Lenschow, D. H., A. C. Delany, B. B. Stankov, D. H. Stedman (1980), Airborne measurements of the vertical flux of ozone in the boundary layer, *Boundary-Layer Meteorology, Vol. 19,* 249- 265.
Logan, J. A. (1985), Tropospheric ozone: seasonal behavior trends and anthropogenic influences, *J. Geophys., Res.* 90 (D6), 1046310482.
London, J. (1979), The Observed Distribution and Variation of Total Ozone, *Proceedings of the NATO, Advanced Study Institute on Atmospheric Ozone,* 31.
Lubin, D. e O. Holm-Hansen (1995,), Atmospheric Ozone and the Biological Impact of Solar Ultraviolet Radiation, *Encyclopedia of Environmental Biology, Vol. 1.*
Madronich, S. (1992), Implications of recent total ozone measurements for biologically active ultraviolet radiation reaching the Earth's surface, *Geophys. Res. Lett., 19,* 37-40.
Mathews, W.A. (1991), Atmospheric Ozone: Natural and Manmade Variations, Ozone Depletion, *editado por Mohammed Ilyas e publicado pela University of Science of Malayasia e pelo PNUA.*
Mckenzie, R.L., W.A. Mathews, e P.V Johnston (1999), The Relationship Between Erythemal UV and Ozone Derived from Spectral Irradiance Measurements, *Geophysical Research Letters,* 12, p. 2269 - 2272.
McElroy, M.B., R. Salwitch e J. Wosfy (1986), *Geophys. Res. Lettrs.,* 13, 1296.
Molina, M.J. e F.S. Rowland (1974), Stratospheric sink for chlorofluoromethanes: Destruição do ozono

catalisada por átomos de cloro. *Nature* **1974,** *249,* 810-812.
Molina, L.T., e M. J. Molina (1986), *J. Phys. Chern.,* 91, 433.
Molina M. J., T.L Tso, L.T. Molina, e F.C.Y. Wang (1987), *Science 238,* 1523.
Sítio Web da NASA (https://ozoneaq.gsfc.nasa.gov/tools/ozonemap), junho de 2016.
Parajuli, K. (2015), Mapping of total ozone content over Kathmandu valley using OMI satellite data, MSc. Tese, *Instituto de Ciência e Tecnologia, Universidade de Tribhuvan,* Katmandu.
Rowland, F.S. (1991), Chlorofluorocarbons and Ozone Depletion, *editado por Mohammed Ilyas e publicado pela Universidade de Ciências da Malásia e pelo PNUA.*
Sharma, (1998), Tropospheric Ozone Concentrations and Variability in Clean Remote Atmosphere, *Atmospheric Environment 12,* pp 2185 - 2196.
Solarski, R. S. (1992), Measured trends in stratospheric ozone, *Science,* 256, 342 - 349.
Subbaraya, B. H. e S. Lal (1994), *Journal of Atmospheric and Terrestrial Physics,* 56, No. 12, 1557- 1561.
Subbaraya, B. H. e S. Lal (1999), Space Research in India: Accomplishments and Prospects, *PRL Alumni Association,* Ahmedabad, Índia.
Tandon, A. e Attri, A.K. (2011), Tendências na coluna de ozono total sobre a Índia: 1979-2008. *Atmos. Environ., 45,* 1648-1654.
Wayne, R. P. (2000), Chemistry of Atmospheres, *Oxford University Press.*
WMO (1988), Report of the International Ozone Trends Panel, *Global Ozone Research Monitoring Project Report No. 18, publicado pela NASA, NOAA, FAA e UNEP.*
Zou, H. (1996), Seasonal Variation and Trends of TOMS Ozone Over Tibet, *J. Geophys, Res.* 90, 10, 463.
Zvyagintsev, A. M., L. B. Anan'ev, e A. A. Artamonova (2010), Variabilidade total do ozono no território russo durante o período 1973-2008, *Opt. Atmos. Okeana 23* (3), 190-195.

Printed by Books on Demand GmbH, Norderstedt / Germany